オリーブの贈り物

岡井路子　10＋1人と語る

A&F

はじめに

岡井路子

葉は常緑で、たくさん実をつける果樹。オリーブは植えると楽しい樹木です。最近はいろんな品種のオリーブが出回るようになって、オリーブのセミナーでは、「食べておいしい実がなる品種は？」と聞かれることも多く、「葉がもう少し濃い色の品種がいいわ」「きれいにまとまる樹形はこの品種かな」というように、品種選びの楽しみが増えました。

20数年前には、オリーブといえばオリーブで、そのオリーブにこんなにいろんな品種があるということを私は知りませんでした。庭木としての栽培方法自体、ほとんど知られていなかった頃のことです。

その頃から、どうしてもオリーブを知りたくて、まずは小豆島へ。それからスペイン、ポルトガル、トルコ、ギリシャ、イスラエルなど地中海沿岸のオリーブの原産地を毎年のように訪ね、剪定の方法や食べ方を、直接、現地の人たちから教えてもらいました。その土地の暮らしの中で、オリーブがどんなふうに役立っているのか、ということを実際に見て、知る。そうして自分が知ったことを、オリーブについて知りたいと思っている人たちに伝えたとき、みんなの表情がぱっと笑顔に変わるのを見るのは、最高にうれしい瞬間です。オリーブについては、知れば知るほど、自分が知らないことがわかり、飽きるということがないのです。

本書にご登場いただいた10＋1人の方々は、私がオリーブを追い掛け続けてきたこの20数年ほどの間にご縁を得た皆様です。オリーブが介在する「濃度」はさまざまですが、それぞれの皆様と、オリーブを通して共有できた時間は、私にとってかけがえのないものです。

今回、本の出版のお話をいただき、読者となってくださる皆様に、ぜひお届けしたいと思ったのは、私自身のことではなく、オリーブとオリーブを巡る皆様の活躍、オリーブの存在意義、そして10＋1人の皆様それぞれの素敵な「笑顔」です。この年齢も職業もそれぞれ異なるメンバーに共通するのは、まるで「小学校 5年生」の男子や女子みたいな、ピュアで、あきらめない、生き生きとしたハートです。

また、10＋1人の「＋1人」が、2016年に亡くなった画家、堀越千秋さんであることもここに記しておこうと思います。初めてマドリードで会ったときには、とびっきりの笑顔で片手をあげて「やあ、堀越です」と。ダ・ヴィンチの音楽がテーマのフォーマルなパーティなのにジャンパーにジーンズに運動靴でした。それから15年が過ぎ、最後に会ったときの堀越さんはチェックのシャツで「じゃあね、おかいちゃん」。変わらない笑顔が忘れられません。

さて、本書の準備期間中に、知り合いの出版関係の皆さんからいわれたのは、「なんて贅沢な本でしょう！」ということでした。確かに、この10人の皆様といっしょに作る本は贅沢です。忙しい中、本書の取材に時間を割いてくださった10人の皆様と、贅沢な本の出版をお引き受けくださいました株式会社A＆F会長の赤津孝夫さんに、深く感謝いたします。

そして『オリーブの贈り物』を手に取ってくださった読者の皆様、ありがとうございます。皆様にとって、本書が役に立つオリーブの本でありますように。

はじめに　2

オリーブの向こう側に物語がある
浅井愼平　写真家　7

オリーブの新しい品種をいっぱい入れて良質の苗を届けます
小倉敏雄　小倉園 当主　27

オリーブが似合う健康な住宅を建てる
佐藤俊雄　ブレスハウス 代表　47

オリーブをめぐって、新たな人々の出会いが生まれる
代田雅彦　代田眞知子　スタジオM 主宰　67

オリーブオイルは素材を引き立て食材と食材をつないでくれる
成澤由浩　南青山 NARISAWA オーナーシェフ　85

オリーブが世の中を変える
西畠清順　そら植物園 代表　107
オリーブが地域を活性化する
西村やす子　クレアファーム 代表　127
オリーブがたくさん実をつける育て方
萩原 裕　パワジオ倶楽部・前橋　153
オリーブの「生命力」を感じるとまた頑張れる
藤原真理　チェリスト　171
オリーブの石鹸で魔法のように肌を癒す
ガミラ・ジアー　ガミラシークレット　191
オリーブの木を見ると僕は勇気が出る
堀越千秋　画家　217
おわりに　220

オリーブの向こう側に物語がある

オリーブには
人生の機微のような
詩的なさまざまな物語がある。
風に揺れるこころのようなね。
色にもかたちにも。

浅井 愼平

写真家

あさい しんぺい
写真家。1937年、愛知県瀬戸市に生まれる。
1966年、『ビートルズ東京100 時間のロマン』でメジャーデビュー。
1981年、「PARCO」のCF・ポスター・新聞・雑誌広告により
東京アートディレクターズクラブ最高賞を受賞。
麦焼酎「いいちこ」の広告写真などでも広く知られる。
文芸、音楽、映画、工芸、TV 等、さまざまな分野で広く活躍中。

浅井愼平さんと私

浅井愼平さんの愛弟子、故・宮川鬼太郎さんが最後を過ごされたホスピスで、愼平さんの奥様、真代さんと知り合いました。鬼太郎さんのお葬式で愼平さんに初めてお会いしました。

浅井　明治以後、われわれが西洋文化のようなものをいろいろ取り込んできて、オリーブもまた、その流れの中にある存在だと思う。で、生活の中への入り込み方としては、いろんなジャンルがある中で、オリーブは、まず、「食べる」ものとして登場した。食べ物とか嗜好品とかは、いろんな入り込み方があるから、おもしろいけれど複雑でもあるよね。ところがオリーブについては、意識しない間に、気がついたら縁ができていたという人がほとんどだったんじゃないかな。しかも、それが意識されたのは、わりと最近のことでしょ。この10数年ほどの間に、それぞれの人がそれぞれの中で、オリーブを取り入れたということなんだろうね。

岡井　20年前には、いいオリーブオイルは個人輸入でしか手に入らなかったからね。成田空港まで受け取りに行ったりしていました。オリーブオイルはもちろん、オリーブの木についても、当時は、ほとんど情報がなかった。

浅井　今回、この対談の話をもらって、僕の場合、オリーブとの関わりは、どうだったのだろう？　と考えてみた。そうして思い返してみると、オリーブとの最初の関わりはコートダジュールの小さな旅籠だった。昔、映画のロケでフランスに40日間くらいいたことがあって、その半分以上をコートダジュールの小さな旅籠に泊まり地元の人たちが行くようなレストランで食事をしたのだけれど、そこで出されたオリーブの実の漬け物によって、映画のスタッフみんながオリーブのおいしさに気づいたわけです。

岡井　それは、いつ頃？

浅井慎平さん、真代さんご夫妻の家、中庭のオリーブ。

＊変奏曲／1976年ATG作品。原作・五木寛之、監督・中平康、撮影・浅井愼平。美しい南仏を舞台に、主演の麻生れい子のエロティックな存在感が話題を集める。

浅井　『変奏曲』（＊）という映画を撮りに行ったときのことだから、１９７０年代半ば頃。20代の若いスタッフもいて、日本でもろくにいいものを食ってなかったところに、皿に盛ったオリーブの漬け物が持って来られる。腹も空いているし、旅先であるというある種の感慨もあって、みんな、それまで食べたことのなかったオリーブの実をものすごくおいしく感じたらしい。ぱくぱく食べちゃう。そこに住んでいる人たちの本来の食べ方ではなく、やみくもに、がっついて食べた。まるで主食のように。その結果、みんな下痢したりして、たいへんだった（笑）。

そこは家族でやっているペンションみたいな、10人も泊まればいっぱいになっちゃうような小さな宿で、昼頃からもう家族で夕飯の支度をしていた。で、あるとき、近所の家の中庭が開放されて、人が集まっていた。樽に入ったワインは、勝手にくんで飲めるようになっていてね。テーブルの上には野菜が積んであって、それをみんな思い思いに取って来て、用意してあるフォークとナイフで切って、塩をつけたり、オイルをつけたりして、ワインを飲みながら食べる。なんとも粗野だけれど、贅沢な光景だった。その山から降りればモンテカルロだったり、ニースだったりするという観光地の反対側の山の中には、その頃、そういう生活があった。僕の場合は、そんなふうにヨーロッパを旅しているときに、折に触れて、ちらちらとオリーブの存在があったということだね。風景として出会うオリーブもあったし、当然、食事の中で出会うオリーブもあった。そうこうしているうちに、日本でもオリーブはポピュラーなものになっていった、ということかな。

岡井　この10数年の間に、日本にも、質のいいオリーブオイルがたくさん入るようになったしね。

浅井　手に入れることが身近になったし、オリーブには人間の生活にとってプラスになること

浅井さんご夫妻の愛猫レイラ。

がいっぱいあることもわかってきた。
そしてね、オリーブに限らず、だんだん、食べ物がその土地の固有のものではなくなっていくプロセスというものがあって、20世紀の終わり頃から21世紀にかけて、あらゆる食べ物が、グローバルなものになっていった。その典型は寿司だよね。それはもう寿司とはいえないものもあることは確かだけれど、寿司が世界中のどこにでもあるようになった。それとオリーブも無縁ではないでしょう。
僕らの時代、この2、30年というのは、世界中で、その土地の固有の物しか食べていなかった人たちが、そうではないものも食べるようになっていったという歳月なんだね。その中で、何本指かに入る物のひとつがオリーブだろうね。

岡井　それは、特別だということ？

浅井　特別といえば、特別なのかな。オリーブは、ポエジー。おおげさにいうと、ある種の詩的なものをオリーブは感じさせる。イメージが飛ぶことのできる食べ物なんだと思う。つまりオリーブ自体が、ロマンをもっている。
それは、酒もそうなんだ。僕はよく、「酒の向こう側」ということを思うのだけれど、酒というのは、たった一杯の中に、さまざまな物語が入っていて、じつはそれも酒を飲む楽しみだと思う。
とくに、めちゃくちゃ高価な酒を飲むとき。「酒の味を飲むのだ」とみんなはいうかもしれないけれど、ほんとうは、あれはイメージを飲んでいるんだよね、たぶん。そういうものにつながっていくものが、オリーブにはある。オリーブ固有の特徴はいろいろあるにしても、オリーブの向こう側にあるイメージに人はひかれる。

人々は、食べるという行為の中で、たとえば、食べなければ生きられないというギリギリの局面にあって、とにかく飢えをしのぐために食べる、ということでない限り、物語を紡ぎながら食べているわけだよね。わかりやすくいえば、「人は物語を食べる」ということ。人は物語を食べる。だから、岡井路子さんにしても、きっとオリーブのもつ数々の物語に興味をひかれているだろうね。

岡井　そうか、オリーブは物語をもっているのか。

浅井　映画でも小説でも絵画でも、名作というものが存在する。食べ物の中の名作のひとつがオリーブなんだろうね。オリーブ自体、ビジュアル的にも美しい。オリーブオイルにしても、その透明感の中にある、複雑なさまざまな色。それが人の心を揺さぶる。

岡井　オリーブの木は？

浅井　オリーブは観賞用の木としてあるよりも、現地の、オリーブ畑にある木に僕は心ひかれる。要するに、生活につながっている場所にあるもの。たとえば、ヨーロッパを旅しているときに出会う風景としてのオリーブ畑。あまり人がいない場所で、遥かに海が見えたり、赤い屋根が見え隠れしながらつながっている光景とか。なんというか、ひょっとしたら画家が描くかもしれないというような情景にひかれる。

「慎平さんに写真の撮り方を教わった」

岡井　あるとき、慎平さんから写真の撮り方を教えてあげるといわれて、「え、カメラ持ってないよ」と。そのときもらったカメラを、今日は持ってきました。カメラバッグも作ってくれました。

＊オリーブの木の写真／
ポルトガルのカフェで
岡井路子撮影。

で、そのとき愼平さんがいってくれたのが、写真の撮り方がわかると、仕事でカメラマンさんに作品を撮ってもらうときに、ディレクションできるようになるから、と。こんなふうに撮ってほしいということを、カメラマンさんに伝えることができる。だから教えるよ、と。

浅井　たぶん運もよかったんですね（笑）。カメラは昔、写すまでにやらなければならないこと、知らなければならないことがいっぱいあった。ところが、ちょうどフィルムカメラから、押せば写るデジカメの時代になって、路子さんは、そこに滑り込んで来たから苦労を知らない。で、ときどき僕が、わかる程度のことを教えるから、役に立ったんだと思う。

岡井　ありがとうございます（笑）。

浅井　僕は、写真家には教えない。自分で見つけさせなければいけないものがあるし。だから僕のところに来て、同じ時間いても、手に入れるものはそれぞれ違う。それは仕方がないことです。僕がいわなくても自分で気づかないといけないことだから。「こいつ、わかっていないな」ということがあっても、僕はいわない。わかっているやつにも、「知ってるな」とも、もちろんいわない。だけど、そいつらのその後の仕事を見ていると、その違いはわかる。まあ、職人の仕事とか、表現の仕事というのは、そういうものでしょう。

岡井　私は教えてもらった。

浅井　写真家にはいわないことを、路子さんにはいうよ。いわないと、とんでもないことをやっちゃうから（笑）。

岡井　最初にほめられたのがオリーブの写真だったの。11年前にポルトガルで撮ったオリーブの木の写真（＊）。「あ、いいじゃん」って。初めてほめられた。それで、もっとほめろーっていったら、「これぐらいにしておこう」と。

浅井　オリーブの木の写真をほめたのは、オリーブは象徴的というか、何か物語をもっている木だから。そういう木が世界に何種類かはある。

岡井　大きなクスノキなんかとは、また違う木だよね。

浅井　植物としての存在そのものが、なんていうんだろうね、多くのエレメントを感じることのできる木。最近になって認識が深まってきた木だというのは確かだね。

浅井慎平さんから岡井路子さんに贈られたカメラと
特注のカメラバッグ。

＊「いいちこ」のポスター／
1984年から続く大分県三和酒類の本格麦焼酎の駅貼り広告。アートディレクターは河北秀也、撮影は浅井愼平。「思わず立ち止まるポスター」として長い人気を誇る。

岡井　たとえばさ、この年になって、ピアノ教えてっていったときに、バイエルを渡されたらもうイヤじゃん。で、カフェに行こうかっていって、カフェにお茶飲みに行くと、そこに角砂糖が積んである器とかがあるよね。で、それを見ながら、「たとえばさ、これを撮るとするだろ。で、これをこっち向きにしよう、じゃなくて、自分が動くこと」と。それで、その角砂糖が、どっから見ても、どうもねえ、というときに、積んである角砂糖を組み替えたりするとあざとさが出るって。「でも、僕ぐらいになると、あざとくはならないけどね」と（笑）。

浅井　そんなこといった（笑）？

岡井　あとは、ワンカットで決めろ、と。バチバチ、いっぱい撮る必要はないって。だいたい最初に撮ったのがいちばんいいんだから、と。だから私、旅行に出掛けても、歩きながらワンカットで写真を撮る。ここで写真を撮りたいから、ちょっと待っていて、なんていって、人に迷惑はかけない。

浅井　僕もそうだけれど、人が写真を何枚もたくさん撮っているときというのは、理由がふたつあって、そのひとつは、困っているとき。写っていないから、困って何枚も撮ることになる。もうひとつは、すばらしいものに遭遇していて、撮るのがおもしろい、というとき。
　だけど基本的には、ワンカットで決める。たとえば、僕は、「いいちこ」のポスター（＊）を撮っているんだけど、基本的には2枚か3枚しか撮っていない。なぜ2枚かというと、傷ついたりしたら困るから。あれ、フィルムなんですよ。で、「いいちこ」のポスターは駅貼りなので、人は歩きながら見る。その距離感とか、サイズ感とか、わかって撮っているから何枚も撮る必要がない。「いいちこ」のポスターは、35年近くやっているからね。都市の猥雑な空気の中で、ポスターを見た人に、「あ、もう夏だ」とか、そんなことを感じてもらえるメッセージを送りたいと思って撮っている。

では、そろそろ庭に行きましょうか。

オリーブの木の庭で

岡井　庭に場所を移しました。ここからは、浅井愼平さんの奥様、真代さんに加わっていただきます。真代さーん。

浅井　カミさんも写るの？

岡井　ぜひ。

浅井　真代はね、1回だけテニスをしているところを僕が撮った。新潮のグラビアの仕事だった。オフィシャルにカミさんを撮ったのは、その1回こっきり。

岡井　浅井家の庭は、ガーデンデザイナーが入っていない庭。だから、いいんだろうね。住んでいる人がホントに好きな物だけを集めた庭だから、居心地がよくてくつろげます。

真代　岡井さんが来ると、オリーブの木を大胆に切ってくれる。えーっ、そんなに切るの？　っていうくらいバッサリ、と。

岡井　（笑）

真代　でも、木のためにはそれがいいのよね。

浅井　オリーブの種類って、何種類くらいあるの？

岡井　日本で手に入るのは100種類くらい。世界では800とか1200種類とかいわれてます。

浅井　それはまたすごいな。

＊ネバディロ・ブランコ／主産地をスペインとするオリーブの品種。花期が長く花粉が多いので、実をならせたいときの授粉樹として最適。半直立性で、コンテナ栽培にも向く。

岡井　よく、何を選んだらよいですか？　って聞かれるんだけれど、いまの季節だったら、実がついているから、実を見て好きなのを選ぶといいですよと。オリーブは品種によって、実の大きさも形も違うから、それも楽しいよね。

こちらの庭は、都心の住宅地の「切り取られた空の下」の庭だから、日当たりが大好きなオリーブにとっては条件的には最適ではないけれど、よく育ってるよね。ここに来て10年以上、ずーっと元気で今年も少しだけど実をつけている。品種はネバディロ・ブランコ（＊）。

浅井　このたくさん実のついた枝は？

岡井　昨日、前橋で料理教室をやったので、飾ってあった実をもらってきた。こうしてオリーブの実が色づいてきているのを見ると、秋も深まってきたなあって。

浅井　きれい。

岡井　ここにあったコンテナのオリーブ木の影が、ここのピンクの壁に映る瞬間があるんじゃないかと話していて、それで愼平さんが写真を撮ってくれた。コンテナを向こうに移しちゃったから、この壁にはもうオリーブの影は映らないけれど。

浅井　うん。それはまた、考えるよ。

「僕がいまここで感じていることを、写真の中に残したい」

浅井　どう？　いま波の音が、聞こえる？　そこのドアの向こうが海ってことになってる。海が近いっていいでしょ（笑）？

岡井　スピーカーは、あそこだね。

浅井　そう、波の音は、あのスピーカーから。この波の音は、昔、僕がCBSソニーから出した波の音で、『サーフ・ブレイク・フロム・ジャマイカ』（＊）。環境音楽のハシリで、80万枚の大ヒット。写真集で80万部を売ったことはなくて、実際、裸を撮らないと、とても80万部はいかない（笑）。裸を撮らずに、波の音を録ってちゃしょうがないよね。

＊サーフ・ブレイク・フロム・ジャマイカ／1976年にジャマイカのモンテゴベイで収録の波の音の環境音楽。ゴールデン・ディスク賞を受賞。浅井愼平さん撮影のジャケット写真とあわせて、抜群のヒーリング力が人気を集める。

浅井真代さんと愼平さん。

＊『カメラはスポーツだ──フットワークの写真術』／1977年21世紀ブックス。浅井愼平さんが考える写真家の能力のひとつは瞬発力。「スナップを撮るとき、いろいろな判断をするんだけど、すべてを見て決めているわけじゃない。感じるんだよ」

岡井　あははは。いつ頃出したCD？

浅井　１９７７年。CDじゃなくて、レコード。まだレコードの全盛期だから。

僕が外国に出始めたのは１９６０年代の後半で、その頃はまだ世界が、いまよりずっと広かった。当時のニュージーランドなんて、20世紀初頭の雰囲気を残していた。ホテルのチェックインには羽ペンでサインをして、朝食は、いいっていうのに運んで来てくれるから、ガウンのままベッドの上でいただく。全然似合わないよね。そんな時代から、現在に至るまでのこの数十年の間に、大きな文化の変遷というものがあったわけだ。

写真にしてもデジタルになって、写真はどうやって写るのか、ということを知らなくても、押すだけで写っちゃうよね。写真家という職業もいまとは違うものになるだろうし。たぶん、世間の人が名前を知っていてくれるような写真家という仕事は、僕らで終わりだろうね。

昔、僕が出した本で、『カメラはスポーツだ』（＊）というのがあって、ベストセラーになった。これは、写真を撮るときには瞬間に判断しなければならないことがあるけれど、考えていることはひとつじゃない。たくさんのことを同時に考えている、ということを書いた本。フィルムのカメラで写真を撮るということは、むずかしいし、特別なことだった。でも、いまでは、いわゆる写真というものの存在が特別なものではなくなった。写真の概念が変わってしまった。

岡井　なんでも特別じゃなくなったよね。傘なんかも、昔は一家に何本かしかなかった。電話も時計も、昔は特別だったけれど、いまは違う。

浅井　おもしろいのは、ライカはいまでもモノクロームしか撮らないカメラを作っている。たとえばピントは自分で合わせなければいけない。いまのカメラは、オートマチックでピントはい

くでしょ。このライカのピントは自分で送る。で、ライカのカメラは、ピントを合わせたとき、「おお、合ったー」っていう感じがする。ものすごく気持ちがいい。かつての、カメラを使う時の心地よさを残している。いい楽器と同じでね。いろんなところに、心地よさを残している。

で、僕は、このライカを2回のぞいて、ほれぼれしたけれど、買わなかった。

真代　買っていいわよ、っていうのに、買わなかったのよね。

浅井　以前、僕と同じ年のライカのカメラを持っていたけれど、あるとき、メーカーに、もう修理できない、といわれた。僕の買ったフィルムは日本では現像できなかったから、ハワイに送っていた。すると現像して東京に戻るまでに10日から2週間かかる。そのあいだ、あがりが心配じゃな

BEACH

THIS WAY TO THE
BEACH
PUBLIC INDECENCY PROHIBITED

Palmtree

い？　でもそれを使っていた。
　僕がいま、「いいちこ」の広告ポスターをフィルムで撮っているのは、かつてのアナログの仕組みを残したいから。印刷屋さんも、デザイナーも、そういう気持ちや仕組みをまだもっている。いつまでもつかはわからないけれど。
真代　デジカメというのは、誰でも撮れるカメラでしょ。でも不思議なのは、浅井が撮ると、空気感というのかしら、何かそういうものが感じられる。あれはどうしてかしらね。
浅井　あのね、空気感って、粒子みたいなものだから意識的に残す。で、温度とか、空気とか、音とか。たとえば静寂とか、そういうものを残したい。
　写真が何をできるか、ということを考えるとき、そういうものが写真の中に残ってほしいし、いま僕がここで感じていることが、写真の中に残ってほしい。だけど残ってくれない。残すことができるようになるのが、写真家の仕事だけれど、それがむずかしいんだよね。写真に残したかったものは、デザインを通したりしているうちに、どこかに消えてしまうし。
真代　路子さん、京都のコマーシャルを見たことある？　あの紅葉のけばけばしさ。京都に行きたくなくなるでしょ。コマーシャルを作る人はあれがいいと思っているんでしょうけれど。
浅井　嘘がオッケーだもんね。音楽会に行っても、音がデジタル処理されてしまっている。
岡井　生の音が聞けない。
浅井　そう。いろんなものがデジタル化してゆく。だから思うのは、デジタルという表現を味方につけないとだめなんじゃないか、ということ。僕はもうこれで終わりでいいんだけれど（笑）。でも、これからはね。

『HELLO, GOODBYE：The Beatles in Tokyo 1966』（デラックス・エディション）。1966年、来日したビートルズを浅井愼平さんが密着撮影した写真集『ビートルズ東京100時間のロマン』から50年後の2016年、イギリスのGenesis Publicationsから発行された豪華写真集。デラックス・エディションとコレクターズ・エディションの２種類があり、併せて限定1966冊。全冊、浅井愼平さんの直筆サイン入り。デラックス・エディション版のケースは、当時、JALのファーストクラスの利用者に機内ウエアとしてプレゼントされていた「はっぴ」の柄をモチーフにデザインされている。羽田空港に降り立ったビートルズのメンバーが、この柄の「はっぴ」を着ていたことを懐かしく思い出すファンも多い。

ビートルズ来日公演のチケットを模したしおり。

浅井愼平さんに教わった写真の撮り方3つのポイント

1、被写体を動かさずに、自分が動く。

2、写したいものに手を加えると、あざとさが出る。

3、写真は、ワンカットで決める。

【写真】
北川鉄雄　p8-9、p11-13、p15、p18-19、p21-24、p26
岡井路子　p14、p25

オリーブの新しい品種をいっぱい入れて良質の苗を届けます

オリーブを通じて、
世界がうんと広がりましたね。
オリーブのおかげで、
いろんな人と知り合えて、
いろんな経験ができました。

小倉　敏雄

小倉園　当主

おぐら　としお
小倉園当主。1953年、群馬県に生まれる。
群馬県の米農家の15代目。観葉植物を手がけ、
ベンジャミンの三つ編み仕立てが大ヒット。
オリーブと出会い、オリーブの魅力を追求。
オリーブの品種の豊富なラインアップ、上質の苗木の提供、
優れた剪定技術によって、「オリーブの小倉園」として知られる。

小倉敏雄さんと私

私の１冊目のオリーブの本、『まるごとわかるオリーブの本』を読んだ小倉さんから、オリーブの鉢植えの贈り物が届きました。お返しに小倉園を訪ねて剪定の方法を伝授。お付き合いが始まりました。

小倉園の剪定は、オリーブの骨格を作るところから

岡井　小倉園さんのオリーブの鉢植えは、いろんな業者さんのといっしょにバーッと並んでいても、「これが小倉さんのところのだ」って、すぐわかる。剪定の特徴が出ているからね。でも、園芸店のオリーブの講習会で、小倉さんのところのオリーブは剪定のレッスンに使えないの。完璧に剪定できているから、「この枝は、いらないから切りましょう」とかいう必要がなくて。「これはもうこのまま持って帰って、水をやって大事に育ててください」っていうしかない（笑）。「小倉園」といえば、いまやオリーブの品種の数も、苗木のよさも、誰もが認める存在だからね。

小倉　うちの剪定の仕方はまず骨格を作るのが第一弾。オリーブはどんどん枝を伸ばすから、骨格をしっかり作っておけば、お客様は伸びた枝を切るだけですむんですよ。それができていないとお客様は、届いたオリーブのどこをどう切ったらいいかわからない。

岡井　うんうん。

小倉　改めて考えると、岡井さんからオリーブの剪定を最初に教わったのがすべての出発点ですからね。最初に岡井さんの剪定を見て、思いきって切っていいこと、剪定に失敗はないことを知った。そして、この枝を切っていいのか悪いのか判断に迷うときは、ちょっとその枝を手で隠してみて、あったほうがいいのか、ないほうがいいのかを、よく見て考えること。そうして確かめてから切れば、間違いが少なくなるということを、基本的なこととして学びましたね。

岡井　当時は、オリーブの栽培管理についての情報が、ほんとになかったからね。だからそれを習得したいと思ったら、日本では百年前からオリーブの栽培をしている小豆島か、あとはオリー

小倉園さんのオリーブ栽培用のハウス

余分な枝を落とし、そのまま育てればきれいな樹形に育つように剪定する。

ハウスの中に整然と並ぶオリーブの苗木。丈が高くなってもよいようにトマト用のハウスを選択。

ブの原産地のいろんな国に出掛けて行って、いろんな人に聞いて、自分で試行錯誤するのがいちばん手っ取り早かった。最初は、たまたま友人がカメオを注文したイタリアのカメオ作家のチイロさんが、盆栽が趣味で、「オリーブの盆栽もいいね」っていっていたというのを聞いて、通訳を通して「オリーブに実をつけるには、どんな剪定をすればいい？」って聞いてもらったんだよね。すると、「新しい芽が出たら、いつでも、一年中切ったらいい」という返事が返ってきた。へーって思って、その通りにしたら、絶対実がならないオリーブを2年ほど育てることになってしまって。通訳が間違ったんだよね。きっとチイロさんは、「オリーブは新しい枝にしか実がつかないから、実をつける新梢を残して剪定するようにね」っていってくれたのだろうと思うんだけれど、逆の意味に訳されてしまった。

小倉　そうそう。植木屋さんが剪定すると、何年たっても、オリーブに実がつかない。実がつくはずの枝を、きれいに切っちゃうからね。

岡井　で、切りそびれたのがポツポツあると、そこにだけ実がなったりして。垣根とかがそんな感じで、茂った枝の中のほうに実がなる。

小倉　実を見たければ、新梢を残すというところがポイント。

岡井　あと、オリーブの剪定は、かっこいい樹形をめざすといいよね。

小倉　それを心掛けてやっているうちに、だんだんわかってくるんですよ。

趣味家としてオリーブの品種集めからスタート

小倉　オリーブを始めたのは、20年以上前からかな。オーストラリアから、よくわかんない品種

小倉園さんのオリーブの剪定

よく切れる剪定ばさみでオリーブの枝を切る。
「これから伸びていく様子を思い描きながら切ると、すごく楽しい」

剪定ばさみを腰に装着。

*『育てる・食べる・楽しむ まるごとわかるオリーブの本』。156ページ参照。

群馬県邑楽郡の田園風景の中に整然と並ぶ小倉園の観葉植物のハウス。

を、観葉植物の一環として入れたんですよ。そんなに興味もなかったんだけど、玄関先に植えたら実がなった。その実を食べたらすっごい苦くて、これは食べられないと思った。ちょうど横浜のヨネヤマプランテイションに行って「オリーブどうですかね」って話をしたら、「いいんじゃない、岡井さんって人がうちで時々講習会やるけど、すごく人が集まるよ。そういえば岡井さんの本があったな」って、課長の米山さんがその本を出してきてくれた。それが岡井さんのオリーブの本(*)との最初の出会い。オリーブってこんなに種類があるんだと、そこで初めて知ったんですよ。それで興味がわいて、やるんならうちも本格的にやろうと。どっちかというと趣味家的な発想ですよ。趣味家って珍しいものをほしがるんですよね。値段に関わらず、もっていない品種、でかい実をつける品種とか。それで岡井さんのオリーブの本を抱えて小豆島に行った。オリーブにたくさん実がなってるのを見て、それからは、自分ちにない品種をお店で見かけたり、誰かが持ってたら、全部集めてきた。

岡井　小豆島で見たときは、どれがいいと思った?

小倉　やっぱりジャンボカラマタ。こんなでっかい実があるのかって。そのあとイタリアに行って、生産者のところを回って、こっちにない品種をトランクに詰めてきたんです。当時はそれができた。ちゃんと根っこ洗って検疫通して。それが親木でとってあるんです。だから日本にない品種もいまだにありますよ、カロレアなんて品種はほとんどどこにもない。アスコラーナっていう品種は昔からあるんですけど、量産されていない。イトラーナという品種もほとんどないかな。いまいちばん注文が多いのは、従来からある品種ですね。ルッカとかミッションとか。趣味家として、僕自身がいちばん好きな品種は、オヒブランカ。これはまず葉っぱの色がきれいなんです、シ

あっというまに三つ編みベンジャミンが完成。

人気の三つ編みベンジャミン。ひと鉢置けば、室内に生き生きとした樹木の生気があふれる。

ルバーで。実は特別大きくなくて中くらいで、オイル搾ってもいいし、新漬けにしてもおいしいし、わりと若くても実がつきやすいんです、丈夫だしね。

ところが、オヒブランカとピクアルはよく似ている。同じものではないかというので、スペインのコルドバ大学に出してＤＮＡ鑑定してもらったところ、うちがオヒブランカとしているものはピクアルだという判定が出たんです。だけど明らかに樹形が違うんですよ。葉っぱだけ見るとほとんどわからないんだけれど、樹形全体を見ると、ピクアルはどっちかというと、とんがっている。いっぽうオヒブランカはふわっとしている。でも実の形を見ると同じなんですよね。

そこで去年と今年イスラエルからオヒブランカを入れたんです。葉っぱを見るとほとんど同じように見えるんだけれど、果たしてどういう実がなるか？ スペインの、オリーブバラエティという図鑑で見ると、オヒブランカの実は先端がまるい。ピクアルはとんがっている。で、うちのオヒブランカの実はとんがっているんですよ（笑）。だから実を見たんじゃピクアルの実なんですよ。今度、イスラエルから来たオヒブランカが実をつけて、もしも実の先がまるかったら、それが本物のオヒブランカなんでしょう。だとすると、いまオヒブランカとしている先がとがったほうはどうするか？ ピクブランカにするか（笑）。というくらい、じつは品種の管理ってたいへんなんです。オリーブは見ただけではわからないものがけっこうあるので、混ざらないように、まったく違うものを隣どうしに置くようにしたり、鉢の色を変えたり、分けて管理しているんですがね。

岡井　ラベルが落ちたり、つけ間違いとかもあるしね。

小倉　さらに、商品名の混乱というのもあってね。いま、「ひなかぜ」って名前で出ているオリーブの品種があるんです。

「バロウニ。チュニジア原産で、姫リンゴみたいな大きくてまるい実をつける品種です。果肉の味がしっかりしていておいしく、新漬けをはじめ、テーブルオリーブに向きます。品種によっていろんな違いを楽しめるところも、みんながオリーブにはまる理由のひとつかな」

小倉園さんのオリーブのハウス

岡井　見た。あれ、何？

小倉　あれは、ある業者が中国で見つけてきた、生長が早い品種なんです。もともと中国ではどういう名前で出していたかわからないけれど、それを、われわれ生産者に、「織姫」っていう名前で売り込んできたんですよ。うちは「織姫」として買って、自分で増やして何倍にもなっているんですけど、いつのまにかその業者が、「ひなかぜ」って名前で出し始めたんです。要するに、「織姫」も「ひなかぜ」も商品名なんです。だけどあれは混乱させるよね。同じものなのに、消費者には別物のような印象を与えている。

岡井　それは困るよね。

小倉　この10年は、新しい品種をいっぱい入れて、とりあえずやるからには日本一になろうと。いま、113種類くらいかな。

「土も自分で配合しています。試行錯誤ですけれどね。普通にある赤土をベースにして赤玉やパーライトとか通気性をよくするものを混ぜて、そこに牛ふん堆肥などの有機物を入れたり、動物性の石灰を入れたり。やさしい土を作ろうと心がけています」

小さな挿し木苗が並ぶオリーブのハウス。

養蚕室のある家屋とオリーブの木

写真中央のオリーブはカヨンヌ。左奥はジャンボカラマタ。背景には、かつて養蚕に使われていた木造の建物。地中海沿岸原産のオリーブの木が不思議議に似合っている。

フレッシュオリーブ茶

「オリーブの葉で入れたフレッシュリーフティ。どう？」「うん、くつろぐね」

オリーブの楽しさをもっともっと広げよう

小倉　もともとは観葉のアイテムのひとつとしてのオリーブだったんですけど、苛性ソーダを使ってあく抜きして新漬けを作ったりしているうちに、それが変わってきたというのはありますね。新漬け作りは女房がやってるんですけど、去年あたりも総量で7、80キロ作ったんじゃないかな。

オリーブは「小倉園が扱っている植物」のひとつ、というのじゃなくて、オリーブで何かをやろう、というふうに変わってきているってことかな。たとえば地域の収穫祭。近所のニュータウンにオリーブを無償で配って、多いときは百本以上配って、庭に植えてもらって、オリーブタウンにしようと思ったのです。みんなで収穫した実を持ち寄ってオイルを搾ったり、オイルの試飲をしたり、新漬け食べたり、コンサートやったり、収穫祭ができたらいいなと思ってやったんだけど、いつまでたっても実を収穫できるようにならないんですよ。なぜかというと、区画が狭いでしょ、ニュータウンというのは。そうなると、狭いところに家があって車があって、当然、庭も狭いわけですよ。そこにでかい木があると邪魔でしょうがないから、みんな伸びてきた枝を切っちゃう。そうなるといつまでたっても実がつかないんです（笑）。こりゃだめだと。それで去年、公園の一角を町から借りて、そこにオリーブを30本植えたんです。オリーブガーデンと名づけて。

岡井　順調？

小倉　はい。去年の秋は風で倒されたんだけど、植え直して、この間の台風でも若干傾いたのはあったけれど、大丈夫だった。それを育てて実がなってきたら、今度こそ、ほんとに収穫祭をやりたいなと。住民の中にワイワイネットワークっていうグループがあって、その人たちが協力して

オリーブ茶用に、オリーブの葉を収穫。

くれて、草を取ってくれたり、剪定をやってくれたりしてるんですよ。

岡井　楽しそう。

小倉　オリーブを通じて、世界がうんと広がりましたね。うちで収穫祭をやったり、人が集まるようになると、世間的にも「オリーブの小倉園」で知られるようになって、けっこう趣味家とかも来るようになるんですよ。彼らはやっぱり、オリーブが好きで好きで自分でアメリカに行ってフロリダやテキサスあたりで苗を買ってくる。そうして、羽田で全部没収された、とか。

岡井　検疫を通さなかったの？

小倉　いまは検疫だけじゃなくて、州政府の出荷証明書が必要なんです。昔みたいに植物をトランクに入れて持って来るってわけにいかない。

　趣味家の人たちは、けっこう遠くから直接買いにこられる方々が多くて、趣味家の人ってひとつの鉢を選ぶのに、ハウスの中に1時間も2時間もいるんです。こっちは付き合ってられないから、適当に見ていいよ、決まったら呼んで、と（笑）。その人からは、車の後ろにオリーブの鉢植えを積み込んで、バックミラーに映ったオリーブの姿にわくわくしながら車を運転して帰りましたって、メールもらいました。そういう魅力がオリーブにはあるんですよ。そんな気持ちが、同じ趣味家として（笑）、僕自身、よくわかる。新しい種類を手に入れたときの喜びがね。

　一昨年の11月には、イスラエルにオリーブの品種を見に行って来ました。ゴラン高原なんていったら、昔は戦争の現場ですよ。そこにオリーブや野菜や麦とかが植わっていて、イスラエルが管理してる。ヨルダン川の向こうはシリアですから、たいへんな地域です。そのゴラン高原のオリーブの生産農場ではちょうど収穫しているところで、オリーブが全部畝に植わっていて、その上を

フレッシュオリーブティの淹れ方

1. オリーブの葉を洗う。

2. 葉を枝からはずす。

3 葉をポットに入れ熱湯を注ぐ。

4. 3分間ほど待って、器につぐ。

トラクターがまたいで収穫するんです。オリーブハーベスターの仕組みを見ると、肋骨みたいなのがあって、その中で木を挟んで揺すって実を落とすんです。それで、落としたものをカップですくって上のホッパーに入れて、でっかいトラックにバサーッとあけると、そのまま搾油所に持って行ってすぐ搾っちゃう。品種改良も進んでいて、木が大きくならずオイルの品質がいいのはもちろん、多収で、実を落としやすい。

岡井　効率いいね。

小倉　エルサレムの旧市街の外側にオリーブ山というのがあって、キリストが最後の説法をしたというゲッセマネという場所には樹齢一千年以上といわれるオリーブの古木があったり。エルサレムの旧市街でキリストが十字架を背負って歩いた道とか、磔になった教会とか。安置された遺体を清めたのがオリーブオイルだった、と。いま行くと、キリストが十字架背負って歩いた道は両側にお土産屋さんが並んで、神聖な感じじゃないけどね(笑)。聖地だから世界中から観光客が集まって来るわけですよ。オリーブをやったおかげで、いろんな人と知り合えて、いろんな経験ができました。

岡井　用事がなかったら、イスラエルまで行かないもんね。

小倉　あはは、その通り。

岡井　さて、聞かせてください。小倉さんにとって、オリーブとは?

小倉　オリーブは仕事でもあるし、趣味的な要素もある。生きがいのひとつでもあるし、世界を広げてくれたツールでもある。で、20年以上付き合ってきたいま、オリーブの魅力をもっともっと広げていく、というのもこれからの自分の役割なのかな、と思ったりしています。

まだ日本では流通の少ないオリーブの苗木もスタンバイ。

小倉敏雄さんのオリーブの骨格を作る剪定

1、木の芯を中心にして、四方にバランスよく伸びるように枝を残す。

2、主幹になる枝を残して、それ以外の弱い枝や小さい枝は落とす。

3、剪定の基本に添って、下向きの枝や交差枝などを切り、外に向かう枝を残す。

■販売店舗
(株)オリーブガーデン
https://olivegarden.jp/
グリーン ジャム
https://www.greenjam.jp/
プロトリーフ ガーデンアイランド玉川店
http://www.protoleaf.com/
オザキフラワーパーク
https://ozaki-flowerpark.co.jp/
平田ナーセリー
https://hirata-ns.com/
(株)渋谷園芸
http://www.shibuya-engei.co.jp/
パワジオ倶楽部・前橋
http://www.powerdio.com/
ヨネヤマプランテイション 本店
http://www.thegarden-y.jp/shop/ypt.html
サカタのタネ ガーデンセンター横浜
http://www.sakataseed.co.jp/gardencenter/

【協力】
小倉園
〒372-0122
群馬県邑楽郡板倉町
http://www.ogura-en.jp/

※(小倉園より)当園は卸の市場取引での販売が中心となっているため、農園での直販はしておりません。また、一般の方の農場の見学についても、お断りしておりますので、何卒、ご理解のほどよろしくお願いいたします。商品のお問い合わせにつきましては、上記の販売店舗にお願いいたします。

【写真】
田中雅也　p28-33、35-43、p45-46

オリーブが似合う健康な住宅を建てる

オリーブは、枯れそうになったら、切る。
切っちゃえば、そこから
また新芽が出てくる。
それだよ。
たくましい木だよな。

佐藤 俊雄

ブレスハウス 代表

さとう　としお
1950年、新潟県に生まれる。ハウスメーカー、ブレスハウス社長。
光と風が通い、家族が健康に楽しく暮らせる家作りを追求。
社員の昼食を作り続ける料理の腕前はピカイチ。
愛情のこもった、ヘルシーなランチが評判を呼び、
NHK総合テレビジョン、働くオトナの昼ご飯『サラメシ』にも登場。

佐藤俊雄さんと私

前橋の「パワジオ倶楽部」から、「高崎におもしろい人がいるよ」と紹介され、ブレスハウスを訪ねました。会った瞬間、意気投合。

社長が作る昼ごはん

岡井　ブレスハウスでは、社長が昼ごはんを作ります。当番が支度を手伝うんだけれど、社長から「皿」とかって声が飛ぶから、スピードがないと務まらないよね。で、12時になったら、社員の皆さんは、ほかのことをしていても、ブレスハウスの食堂に集まって来てごはんを食べる。社員さんの数は？

当番　社員は43人くらいですが、お客さんも多いので、ここの食堂で、1回に座れる人数分だけで間に合うときのほうが少なくて、外の席まで使います。あとは順番で、2回まわします。今日は人数が少ないほうですが、土日は、2回が多いです。

岡井　毎日、そうやって、社長のトシオちゃんが社員の昼ごはんを作るのは、社員の健康を考えて？

佐藤　違う、違う。家を建てたいお客さんが来て、昼前に案内していると食えないじゃない。ここで昼ごはんを用意しておけば、俺もお客さんといっしょに食える。外へ出ると時間かかるし、金かかるし、ここでいっしょに食いながら話をすれば、気を許した話ができるから。

岡井　ここのごはん食べたさに通ってくる人もいるもんね。

当番　はい（笑）。

佐藤　だからみんな、なかなか家を建てないんだよ（笑）。

当番　建てた人も来ます。野菜をもって来てくれて、「社長、来たよ」って、12時に来られます。すると社長が、「食べて行くんべ？」って。お客さんも、「いいの？」っていいながら、完全に社長の昼

２時間煮込んだトマトソース。イタリアントマトとオリーブオイルと塩。上白糖は使わない。隠し味にザラメを少し。木製のヘラに刻まれた印は、鍋に垂直に立てたときに水の量を示す。

「腹、空いてんだろ？」と、昼ごはんの前に、カメラマンさんに出していただいたドライカレー。

社長手作りの柚子ジャムを使ったホット柚子。

ごはん目当てです（笑）。

岡井　トシオちゃんの作るごはんは、おいしくてヘルシーだからね。

当番　社長が、とにかく自分は野菜が嫌いなのに、ここでは野菜を出してくれるんで、家で食べられないぶん、みんなここで栄養を補ってますね。油とかもオリーブオイルで全部、調理してくれる。

佐藤　国産の遺伝子組み換えオイルはあまり使いたくないから。

当番　社長が、身体に害のない、おいしいものを作ってくれるから、すごくありがたいです。サラダはいつもついてますし、お漬物も、市販のものは絶対ない。全部、社長が作る。マヨネーズも手作りです。360日、自分が体調のよくないときでも、みんなのごはんを作りに来てくれて、作ってから帰ります。

岡井　片付けは？

当番　みんなで、わーっとやります。社長は作るのに2時間かけたりするんだけれど、食べるのが早い。

岡井　ドライカレーも冷凍していっぱい置いてあって、ご飯がパラッパラで、スパイスもきいていてね。とにかく、おいしい。

佐藤　俺の年齢になったら、あと1万食、食えるか食えないかだもんな。まずいものは、なるべく食いたくない。

岡井　ドライカレーのレシピは？

佐藤　ご飯は赤米と黒米。クミン、ターメリック、ニンニク、塩。クミンは多めに。豚ひき肉は脂が多めでないと香りが出ないからね。ターメリックを毎日食うと、発がん率が50パーセント以上、下

厨房の道具はすべてプロ仕様。ご自分で設計したキッチンなので、カスタマイズが完璧、使いやすい。

はい、ドライカレーが完成。並行して、クリームチキンとトマトソースができている。

この日のメニューは、野菜サラダ、水餃子のトマトソースかけ、ドライカレー、クリームチキン添え。

がるという情報がある。だいたいターメリックはウコンだからね。

岡井　ごはんもヘルシーだけど、トシオちゃんが作る家は、人が健康に暮らせる家。壁は珪藻土が多いよね。

佐藤　珪藻土で塗った壁は、健康にいい、ってよくいわれるけれど、じつは「いい」と「悪い」と2種類ある。世の中に出回っているのは、だいたい悪いのだよね。日本では塗り壁材に珪藻土が1パーセント入っているだけで、珪藻土と呼んでいる。入っていればいいんだ、って感じだよね。だいたいは7パーセントくらいで、うちは80パーセントなんだ。

岡井　輸入オリーブオイルに、国産のオリーブオイルを1パーセントだけ入れて、「国産」っていうのと同じだね。

佐藤　塩もそう。瀬戸内の塩とか、沖縄の塩って呼ばれていても、だいだいチリ産の塩が多いらしい。

岡井　いい住宅の条件は？

佐藤　ごまかさないこと。

岡井　それは、材料とかを？

佐藤　材料もそうだし、基礎もそう。大手ハウスメーカーの基礎で、見てびっくり、っていうのもよくある。

岡井　ブレスハウスのお客さんは、だいたい何歳くらいで家を建てる人が多いの？

佐藤　25歳くらい。25歳で35年ローンを組むと、60歳だろ。25歳で家を建てなきゃ、いけねぇんだよ。みんな、まだまだとか、もう少しとか、子供ができて金かかるようになってから考えるから、苦

みごとに整理整頓された冷蔵庫。

おいしさの秘密。

食事棟の「フィッシュボーン」に集まって。社員がみんなでお手伝い。

食堂のテーブルは古いミシン台。何台も連ねている。

労してるんだよ。

岡井　ブレスハウスの家は、モデルハウスを見ても思うんだけど、住みやすそうな家だよね。

佐藤　住みやすい家だし、飽きない家だな。旦那さんが、家に早く帰りたくならねぇと。離婚率がたけぇんだから。

岡井　子供が生まれやすい家、っていってたよね（笑）。

佐藤　大事なんだ。

岡井　そうか。家族ができるって、大事だよね。

佐藤　大事だよな。

岡井　飽きない家作りのポイントは？

佐藤　シンプルな家がいちばん作りやすいし、シンプルは飽きないって思われがちだけど、じつは、シンプルって飽きちゃうよな。服でも、シンプルなシャツもいいけど、シャツだけじゃなくて、ネックレスとか、そのほかに何かプラスになるものがほしいよね。

岡井　家の場合は、ちょうどいい場所に、ニッチがあるとか？

佐藤　そういうこと。

岡井　可愛いものが置ける棚があると、そこに何を置くか、いろいろ工夫できるよね。

佐藤　ドアもね、お客さんに合わせて、一枚一枚、作るんだよ。お客さんが好きなドアを、全部作る。

岡井　ほーう、それは手間がかかるね。

佐藤　手間がかかるんで、利益が出ねぇんだ。もうからない。でも、俺が死んでからも、建物が残り、ブレスハウスの名前が残ればいいかな、と。

ケースの中にはタバコとスマホとオーガニックのリップクリーム。

佐藤社長愛用の100%無添加、オーガニック（有機栽培）のタバコ葉で製造された健康によい煙草。「健康には気をつけてんだよ。煙草は100%オーガニックしか吸わねえよ」

ブレスハウスの高崎展示場で世界旅行！

世界中の、さまざまなライフスタイルから、「佐藤さん流」を集めたモデルハウス。家具からアイアン製品、ドアノブや取手など、すべてオリジナル。

展示場内には、7つのモデルハウスがある。アジアンリゾート、リアルカンクン、バリリゾート、カフェスタイル　フィッシュボーン、コンフォートハウス、ブレスガレージ、ネイティブアメリカンディーンズ。

4メートルほどあったシンボルツリーのオリーブを半分ぐらいの大きさに強剪定。いっせいに芽吹いて、ここまでできたので仕立て直しは成功。

リアルカンクン。

リアルカンクン。

ニッチや棚が毎日の暮らしをいっそう楽しくしてくれる。

憧れの子供部屋。

素材の重厚な質感を楽しめるバスルーム。

結婚して46 年めの佐藤ご夫妻。「恋愛結婚ですか？」「はい」と奥様。

愛車はアメリカ車のハマー。戦車みたいな車。

まだまだ続く世界旅行！

手作りの干し柿をはじめ、柚子、ジューンベリー、オリーブなど、季節のものを保存食にしてスタッフやお客さんにふるまう佐藤社長。

ブレスハウスのオリーブの圃場

佐藤　ブレスハウスで建てる家にはオリーブが似合うんだよ。シンボルツリーにぴったりだし、オリーブは常緑だから、目隠しにもなる。それには、小さいオリーブから始めるんじゃなくて、ある程度大きく育ったものがいいから、小豆島からオリーブの木を運んで来て、ブレスハウスの圃場で育てている。

岡井　家を建てた人は、その圃場から、サイズや樹形を見て好みのものを選べばいいんだね。

佐藤　図面を描く段階からオリーブの木を入れているしね。そうだ、オリーブの少し青みがかった葉の色には心を落ち着かせる効果があって、防犯にもつながる、という話をどこかで聞いたな。

岡井　泥棒に入ろうとして、オリーブの葉の色を見て思いとどまる、とか（笑）？

佐藤　よくは知らないけど。うちはオリーブとかユーカリが好きなお客さんが多いね。オリーブは生長も早いし、あとあとの管理に金がかからない。

岡井　圃場で管理している鉢植えのオリーブには、ちゃんと水を切らしてない？

佐藤　大丈夫。

岡井　大きなコンテナの水やりは、時間がかかるからね。1週間に1度、ホースをカチッと固定して、5分～10分、タイマーをかけて水やり。誰が担当しても、失敗のないような管理の仕組みが大切です。

ブレスハウスのオリーブの圃場

完成した住宅にぴったりの樹形、サイズを選べるように、オリーブの木を小豆島から運び、育てる。ブレスハウスの家には、オリーブがよく似合う。

小豆島で受け取ったオリーブの木を、トラックから降ろしてイタリア製のコンテナに入れたところ。

大きなコンテナは時間をかけてたっぷり水やりを。オリーブは水切れに注意。

オリーブの木が似合うパン屋さん

岡井　ブレスハウスの家には、やっぱりオリーブの木が似合うよね。

佐藤　そう。桜とかは、どんなにきれいでも、住宅には最悪なんだよ。花が落ちて、花弁が落ちて、葉っぱが落ちて、虫はつくし、近所迷惑。見てる人は楽しいかもしれないけれど、桜にはどんだけ腹が立つか。このあたりは、裏も全部、街路樹が桜の木だから、そのゴミをうちで全部掃除するんだよ。それで、落ち葉を袋に入れてゴミの日に出しておくと、文句いわれる。「45リッターの袋を2つまで」って。ふざけんなだよ。

岡井　それと比べると、オリーブはラクだね。

佐藤　ラクラク。春には葉っぱを落とすけどな。オリーブは、枯れそうになったら、切っちゃえば、また新芽が出てくる。それだよな。たくましいよな、オリーブは。最初は、切れなかったけど、俺も最近は切る。ガッツリ切っちゃう。切ればまた新芽が出てくるから。あまり切るとかわいそうだけどさ、腕切ったみたいで。

うちで建てたパン屋が近くにあって、そこは、オリーブの木を8本植えていて、実がたくさんなるんだよ。すっげぇたくさん。オーナーが下の枝をみんな落として、けっこう高く仕立ててる。そこのパン屋、見に行く?

岡井　行く行く。で、最後に聞いておきたいんだけど、トシオちゃんにとって、オリーブとは?

佐藤　友だち。だいたいいつもは、機嫌のいい友だち。機嫌がいいときは、実をならしてくれる。機嫌が悪くなったときは、こっちがよくしてやる。オリーブも、ときどき機嫌悪くなるかんな。生き物だから。見てやんねぇとダメだし、見すぎるとダメだし。ほっといちゃダメだし。困ったもんだ。女といっしょ、手間かかるんだよ(笑)。

Praline
Praline
Praline
open

駐車やお客様の通行の都合に合わせて、下枝をすべて落として
オリーブを仕立てたことにより、日当たりと風通しのよい環境を
実現。すばらしくたくさん実をつける。

佐藤俊雄さんのオリーブの木の再生法

オリーブは枯れそうになったら、ガッツリ切る。切ると、そこからまた芽が出てくる。

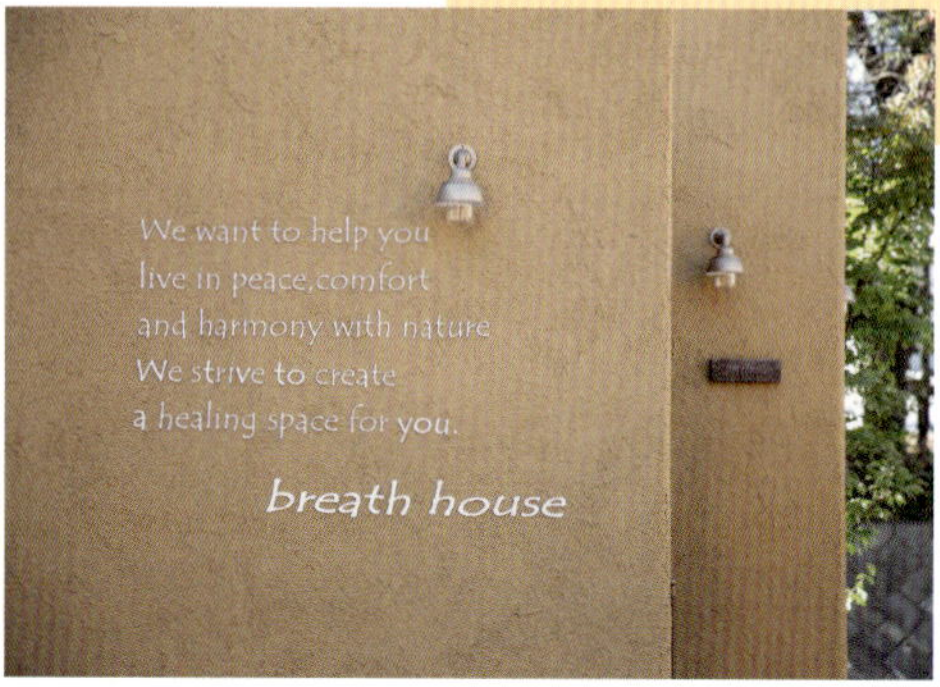

【協力】
ブレスハウス　breath house
住む人が幸せに、快適に暮らせる家を実現する建築会社。

〒370-3525
群馬県高崎市三ツ寺町1231-1
TEL.027-373-7733
http://www.breathhouse.com/

【写真】
田中雅也 p48-53、p55-59、p64-66
岡井路子 p60-61、p63

オリーブをめぐって、新たな人々の出会いが生まれる

僕にとってオリーブとは、
さまざまな人々との新たな「出会い」を生んだ、
「人を結びつけるエネルギーの源」
とでもいえそうな……。
何か一言でというなら、
「絆」かな。

代田眞知子
代田雅彦

スタジオM 主宰

しろた　まさひこ
上肢（肩から手指）の治療を専門とする整形外科医。
自然・芸術・スポーツへと心の赴くままにアンテナを伸ばし、
さまざまなジャンルの人々との出会い・交流を楽しむ。

しろた　まちこ
旧日本航空インターナショナルの客室乗務員として30年勤務。退社後、
教育研修機関、株式会社トリプルウィンを設立。
人々が寄り集い、おいしい物を作り食べ、楽しいひと時を共有することが大好き。
娘２人の母。

代田さんご夫妻と私

新築の家の２階パティオに置く木を検討中の代田さんご夫妻が、私のオリーブセミナーに参加されたのが直接のきっかけ。そこからまた思いがけない縁がつながって……。

オリーブを知ったのは、いつだった？

代田　僕らの世代にとって「オリーブ」という言葉を初めて耳にしたのは、ＴＶ漫画『ポパイ』のヒロインの名前ですね（笑）。大学生になってお酒を飲むようになって初めてオリーブの実を食べて、イタリア料理屋でオリーブオイルの色や味を知りました。かれこれ40数年前ですね。オリーブの木を意識して見たのは20代の終わりのイタリア旅行の時だと思う。

岡井　私が初めてオリーブの実を食べたのは、成人式の日。父がバーに連れて行ってくれて、マティーニというものを頼んでくれた。その中にオリーブの実が入っていて、食べてみたらまずかった。

眞知子　そうね、マティーニにはオリーブの実を入れますね。

岡井　眞知子さんはＣＡをしていたから知ってるんだ。そういうとき、ちょっと味見したりする？

眞知子　味見はしたけど、おいしいとは思わなかったな。なんでこれを入れるのだろう、と。私がオリーブオイルってこんなにおいしいんだと、初めて思ったのは小豆島でした。小豆島は、空からよく見ていましたが、実際に行ってみるとほんとうにいいところ。

岡井　うん、小豆島にオリーブの実の収穫を手伝いに行ったときね。瀬戸内の食材を贅沢にもオリーブオイルで天ぷらにするんだから、それはもう絶対おいしい！

代田　そもそも、岡井さんと知り合ったのも、わが家ができあがって、中庭に何か植物を置こうと、あれこれ考えていた時だった。

オリーブはシルエットも美しい。

玄関のニッチにオリーブの実を飾って。

眞知子　そう、確かオリーブはまだ候補のひとつで。

代田　たまたま、日曜日の朝刊に入っていた園芸店のチラシに、その日の午後にオリーブ・セミナー開催とある。すでに予約は終了となってたけど、犬の散歩がてら行ってみたら満席。すごい人気だったよね。

岡井　ショップの担当さんに、「追加、いいですか？」って聞かれて、「いいよ」って応えたら、ワンちゃんを連れたご夫妻が入って来た。先代のゴールデンレトリバー、プラティが、講習の間、ワンともいわずに静かにしていてびっくり。

代田　岡井さんのレクチャーで、オリーブの品種、栽培方法、オリーブにまつわるさまざまな話を聞いているうちに、オリーブにどんどん惹かれて、中庭に入れる木はオリーブに決定。セミナーのあと、岡井さんにお願いして、店頭のオリーブの中から2種の株を選んでもらった。で、その場ですぐ岡井さんの手ほどきで植えつけまで行って、数日後、鉢植えのミッションとネバディロ・ブランコが届いて、わが家の2階の中庭はまるでスペインのパティオへと変身を遂げた。

岡井　オリーブのある暮らしの始まり。

代田　2階のパティオは周囲を壁に囲まれていて、プライバシーは保たれながら見上げると空しか目に入らない開放的な空間になっている。パティオに面する大きなガラス戸は、カーテンなどで外からの視界を遮る必要がないから、昼夜問わず、いつでもパティオを眺めることができる。陽の光で見るオリーブの木もよいけれど、夜の灯や月明かりで見るシルエットも美しいです。

岡井　同じサイズのイタリアのタイルがリビングから床続きに敷き詰められているから、中庭もリビングとひと続き。ホームパーティではたくさん人が集まれるよね。

パティオに面した２階の廊下にはアルコーブが設けられ、書棚とゆったりとしたソファが置かれている。
オリーブは小さめの葉と実がかわいいコロネイキ。眞知子さんが小豆島で見つけたお気に入りのオリーブ。

左から代田雅彦さん、眞知子さん、岡井路子。左端のオリーブはミッション。

＊堀越千秋さん／東京芸術大学大学院を修了後スペインへと渡り、以来、マドリードに暮らす。「努力や反省から芸術は生まれない」「すべての芸術とは遊びに似て、楽しくやらなければならない、飽きたら思いきりよく方向転換すれば良い。アートは本来短気で、雑で、力強く、それに細心さが伴わなければならない」と語った。

オリーブの葉と枝を使って小さなリースやコサージュを作るのも楽しい。

代田邸２階のパティオでオリーブを語る

オリーブが「絆」となって

代田　この家の設計をお願いした建築家の竹山聖さんを介して知り合ったのが、スペインと日本を股にかけて活躍していた画家・堀越千秋さん（＊）。家が完成したら堀越さんに漆喰の白壁に壁画を描いてもらおうと、決めていて。

２００７年の春、壁画の制作に訪れた堀越さんがパティオのオリーブを見て、スペインで知り合ったオリーブ研究家の岡井路子さんの話をしてくれた。僕がその岡井さんご本人にこのオリーブを選んで植えてもらったことを話したら、堀越さんはすぐに岡井さんに電話をして「岡井ちゃんのオリーブがある家に壁画を描いたので、見に来てよ」と。
岡井さんはオリーブの研究にスペインに行き、そこで堀越さんと知り合い、僕らはオリーブセミナーで岡井さんと出会い、わが家に壁画を描きに来てくれた堀越さんは中庭のオリーブを見て、岡井さんを僕らのところに呼んだ。まるでオリーブが絆となって、手繰り寄せられたような、そんな感じで。それからでしたね、オリーブを絆とする人と人とのつながりが広がったのは。
岡井　これがＴＶドラマだったら、見ている人たちは、そんな偶然はないだろうと思いそうだね(笑)。代田さんにとって、オリーブとは?
代田　僕にとってオリーブとは、堀越千秋・岡井路子さんとの「出会い」に始まり、さまざまな人々との新たな「出会い」を生んだ「人を結びつけるエネルギーの源」とでもいえそうな……。何か一言でというなら、「絆」かな。

堀越千秋さんが描いた化粧室の壁画。

堀越千秋作・鳥獣戯画

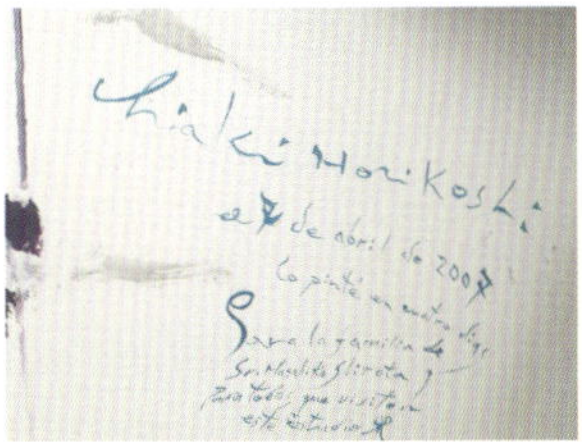

「庭では椿、沈丁花、クリスマスローズ、ミモザ、山桜、10種類のバラ、紫陽花など、さまざまな花木を育てているので、家の中には庭から切り出した季節の花や葉を活けます。今回は花の少ない12月初めの集いなので、庭に溢れるローズヒップを選びました。つるバラは少しずつ順番に開花しますが、ローズヒップとなったのを見ると、その年どれだけたくさんの花が咲いたかに気づいてびっくりします」

ホームパーティの準備
studio Mのエントランスを演出

代田家の愛犬は三代目、レッドゴールデンレトリバーの「ジュリエット」。愛称ジュリ。

「studio M の『M』は、4人家族全員の名前のイニシャルです。「M」にはギリシャ神話の芸術・美の女神 Muse の意味を込め、さらに、『M』は私の趣味でもある音楽(music)にもつながります」

「『M』の文字に今回はオリーブの枝を絡ませてみました」

「玄関扉までのRC の曲面壁に掘られたニッチには、今回はオリーブの実を『音符』に見立てて置いてみました」

階段の大壁に描かれた壁画

岡井　代田邸の階段の白い壁に堀越千秋さんが描いた壁画。（右ページ）

代田　堀越さんは、この男性の絵を描くとき、裏庭から切り出した竹の先に差し込んだ筆に墨を含ませると、左手の指先から描き出し、その墨がなくなるまで一気に筆を走らせました。墨を一回つけると、その墨が消えるまですーっと。線がすべて流れになっている。これは『牧神の午後』前奏曲を踊るニジンスキー、彼のイメージが入っています。男性の右腕が見えないでしょ。なんとなくアンバランスな感じがして、見るときの自分の気持ちのありようによって、不穏感を感じることがあり、堀越さんにいつか、この壁面に描き足してもらいたいと思っていたんです。この男性の絵が描かれたのが２００７年。

それから9年が過ぎ、ちょうど亡くなる2カ月前、彼はしばらくこの絵を見て、どこに何を描こうかと考えていて、それからだんだん右へ寄って来て、やおら描き出しました。「あぶりだし」じゃないけれど、ここに密かに眠っていた女性が、堀越さんの手によって姿を現した……そんな感じがしました。左の男性の高く上げた手の先から稜線のように弧を描いた線が女性の傾けた頬の線に重なります。

（右ページ）2007年、画家、堀越千秋さんによって描かれた男性の絵。シーグレープの葉のフレッシュな緑とアートが引き立て合う。

（右ページ）2016年、堀越さんが、亡くなる2カ月前に描いた女性の絵。壁のニッチにはローズヒップを飾って。

スタジオに集う

「『皆さん、マイグラスを片手にどうぞ』。タイミングをみて半地下のスタジオにお誘いします。この部屋にある椅子は、椅子好きな私がひとつずつ集めたもので、気に入った椅子を見つけて座って、音楽を楽しんでいただきます」

堀越千秋さんのアートエキシビジョン『美を見て死ね』のポスター。

「今日のお客様のひとり、シェイクスピア作品の演出・出演で知られる俳優の吉田鋼太郎さんに因んで、裏庭に咲いていた1輪のバラ、セプタードアイルを飾りました」。イングリッシュ・ローズの セプタードアイル(Scepter'd Isle)は、シェイクスピアの悲劇「リチャード2 世」の有名な台詞、This royal throne of kings, this scepter'd isle,(王国の玉座にふさわしいこの島)より。

「半地下のスペースにはグランドピアノ、ギター、ウクレレ、さまざまなパーカッションなどの楽器を置き、訪れた人々と演奏を楽しんだり、ミニ・コンサートを開くことも。旧家の井戸水を利用した2階中庭の水庭から水が流れ落ちてくる。グランドピアノの譜面台に2階の中庭のオリーブの鉢植えが映り込む様子を眺めながらピアノを弾く。至福の時間」

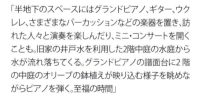

「この日の集いでは京都から花結い師のTAKAYA 君が旬の京野菜を送ってくれて、京の冬ならではの『おばんざい』をたくさん作ってくれました」。手早く、おいしく、盛りつけも美しい。

温州みかんのデザートにオリーブオイルをかける長女の真麻さん。家族総出のおもてなし。

美しいグラデーションを見せる実の絵は『三つの実』。堀越千秋・作。

『アンダルシアのオリーブ』。堀越千秋・作

ロマネスコにオリーブオイルのソースをたっぷりかける次女の桃さん。

上質のオリーブオイルで揚げると、一段とおいしさを増すエビとアボカドの春巻き。

大好評の春巻きの追加を揚げる眞知子さん。

オリーブの収穫祭

あなたにとって、オリーブとは？

この日、代田邸で開かれたホームパーティに集まったお客様。年齢も職業も国籍もいろいろな皆様にお聞きしました。

ティボ・ベネトさん　(桃さんの英語の家庭教師)

■古代ギリシアで枝がビクトリーを示す冠に使われた特別な木。エレガントな木です。他に似た木がないのがオリーブですね。

代田真麻さん　(代田家・長女)

■オリーブの実が色づくと季節を感じます。収穫した実で母が毎年、新漬けを作ります。食べられる実のなる木って、いいですよね。

代田 桃さん　(代田家・次女)

■もう、ずーっと前から身近にあったように思える木で、「ある」のが普通に感じられます。

TAKAYAさん　(花結い師)

■小豆島に行ったり、トルコに行ったりして、オリーブオイルがどうやってできるかを知ると、いっそうおもしろくなってきました。いろんな使い方があるけれど、素材の持ち味を生かすのが、オリーブオイルかな。

川瀬良子さん　(タレント)

■剪定のお手伝いをして、こんなに切るんだ！ とびっくりしました。オリーブは、いつか育ててみたい憧れの木です。

吉田鋼太郎さん　(俳優)

■オリーブオイルは、日本人にとっては、まだそれほどなじみがないような。日本料理が好きなので、豆腐、冷や奴にかけてもいいかな、と。

ギジェルモさん　(メキシコ観光局局長)

■オリーブは１５００年代に、スペインの神父さんがメキシコに持って来ました。もう五百年以上前に入って来ているので、すっかりなじんでいます。オリーブオイルは、メキシコの家庭では、普段からよく使われます。

竹山 聖さん　(建築家)

■日本と西洋の違いは、その昔、稲とオリーブのどちらを選ぶかで決まった。稲を選んだ日本人は勤勉、オリーブを選んだ地中海沿岸の人々は、ハッピー！

赤津孝夫さん　(株式会社A&F 会長)

■オリーブとの付き合いは、じつは古くて、結婚祝いに、仕事のパートナー、「A&F」のF からオリーブの鉢植えをもらったときからだから、もう40数年になるのかな。当時、まだオリーブはめずらしくて、日本で育つのかなと思っていたところに、たまたま取材に行った『朝倉彫塑館』の屋上にものすごく太い木があって、実までなっていた。オリーブってすごいんだな、これは大事にしなければとそのとき思ったんですね。マンションからいまの家に引っ越して、庭師がやたら切っちゃうんだけれど、その木はいまなお元気です。だから、オリーブって、なんか身近に感じるし、自分とともに生きてきたな、というふうに思います。

代田雅彦さんの「鉢植えのオリーブ・年間管理」

土
オリーブは水はけのよい土を好むそうです。鉢に植えつけるときには、とくに水はけのよい土を選びます。

水やり
夏は仕事に出る前に、ほぼ毎日水やりをします。冬は週に1回くらい。春・秋は週に1～2回。土の様子を見て。

剪定
剪定には大きくわけて3つの目的があります。その1は、オリーブの木を、望みの樹形・サイズに整えるため。その2はオリーブの木を若返らせるため。その3はオリーブに実をつけさせるため。目的をしっかり意識して剪定するとうまくいきます。

施肥
実を収穫した後に、御礼肥えとして肥料をあげます。タブレット状の置き肥がラクで簡単です。置き肥は、鉢の中に張った根が肥料分を吸いやすいように株元から離して、鉢の縁に近い所に置きます。

実をつけるには?
オリーブは「今年伸びた新枝に、翌年、実をつける」ということを常に頭に置いて、実をつけてほしい新枝を切らずに残します。結実には受粉が必要で、2品種以上のオリーブの木をいっしょに育てます。花粉の飛ぶ時期に雨降りが続くようなら、刷毛で花粉を瓶に貯めておいたり、鉢をパラソルの近くに移動したり工夫しています。

【写真】
北川鉄雄　p68、p70-71、p72下、p73上２点、p74-77、p78中・下、p79下２点、p80-81、p82上右を除く７点、p84
代田雅彦　p69、p72上、p73下２点、p78上、p79上２点、p82上右

オリーブオイルは素材を引き立て食材と食材をつないでくれる

オリーブオイルは、
油というよりは、
調味料という感覚で僕は使っています。
香りも味も、素材をすごく引き立ててくれる。
食材と食材、食材と食べる人とを、
オリーブオイルの香りと味がつなぐ役割を果たす。
そんな感覚で使っています。

成澤 由浩

南青山 NARISAWA
オーナーシェフ

なりさわ　よしひろ
東京 南青山 Restaurant “NARISAWA” オーナーシェフ。
日本の里山にある豊かな食文化と先人たちの知恵を探求し、
自身のフィルターを通して料理で表現する、Innovative Satoyama Cuisine
“イノベーティヴ里山キュイジーヌ”(革新的 里山 料理)というNARISAWA独自のジャンルを確立。
自然への敬意を込め、心と体に有益で、環境に配慮した
持続可能な美食“Beneficial and Sustainable Gastronomy” を発信し続けている。

成澤由浩さんと私

20年ほど前、小田原市にあった成澤さんのレストラン「ラ・ナプール」に立ち寄ったとき、料理のおいしさにびっくり。成澤さんが東京、青山にお店を移してからは、オリーブオイルや菜園の話題、被災地の復興支援などで連絡を取り合っています。

オリーブオイルは100パーセント、オリーブの果汁

岡井　もう20年くらい前のことだけど、成澤さんが小田原で「ラ・ナプール」っていうお店をやっていた時代があって、週刊誌に評判のお店として取り上げられていたのを見て、即、予約して食べに行ったのがきっかけだった。漁港のちっちゃいお店で、表にバラが植えられていて。あそこは何人でやっていたの？

成澤　スタートした頃は、僕ひとりでやっていた。

岡井　とにかく全部おいしくて、びっくりしたの。おいしかったよね、あの頃もね。

成澤　そうだね。いまとはまた全然違うスタイルで。でも、基本は変わってなくて、安全で健康で、おいしい食材重視でやっていた。その頃から、料理に使うオイルとしては、僕の辞書にはオリーブオイルしかなかった。といっても、もともと僕は田舎の子なんでね。愛知県の知多半島の先っぽの、歩いて50メートルくらいで海、というようなところで育った。だからオリーブオイルってもの自体、知らないで育ったんだよね。

岡井　当時は、上質のオリーブオイルって、日本では売られてなかったからね。

成澤　僕は18歳で大阪に行って、最初は日本料理を1年間。それからヨーロッパに行って、イタリア、スイス、フランスと、世界で最高といわれるお店ばかりで修行したので、当然最高のオリーブオイルしか口にしていなかった。味覚って、すべては教育で、経験なんですよ。生まれつきの味覚なんてのはないですから。生まれてから、とくに3歳から5歳くらいまでがすごく大事で、そこからは経験ですよね。昨日食べた何かより、今日食べたもののほうがおいしければ、自分のなかで

＊アラン・デュカス。史上最年少で3つ星を獲得した、フランス出身のシェフ。パリ8区のオテル・プラザ・アテネのレストラン「アラン・デュカス」、モナコのレストラン「ルイ・キャーンズ」をはじめ、世界各地でレストランを経営する。ミシュランから異なる国で3つ星を獲得した世界初のシェフ。現在はパリ、モナコ、ロンドンで3軒の3つ星レストランを運営している。

こちらがおいしいんだってものに変わっていくものです。イタリアで働いていたときは、「オリーブオイル以外は機械油だ」って、厨房でずっと聞かされていて、僕はこう見えてもけっこう素直なのでね、人のいうことをすぐ信じる(笑)。 その後、南仏のアラン・デュカス（＊）のところで仕事したんですが、デュカスさんというとプロヴァンス、地中海沿岸の料理を柱のひとつとしていますから、もちろん、すごい値段のする、上質のオリーブオイルを普通に使っていた。だから自分のなかでは完全に、最高のオリーブオイルだけが、オリーブオイルでしたね。

岡井　田舎で育った男の子が、イタリアに行って、最初にオリーブオイルを現地で味わったとき、どうだった？ 最初からおいしいと思った？

成澤　まずいオリーブオイルはまわりになかったからね。オリーブオイルって、油といっても100パーセントオリーブの果実のジュースだからね。

岡井　オリーブオイルは果実から搾るもんね。

「調味料という感覚でオリーブオイルを使っています」

成澤　なんだろうな？ オリーブオイルは、油というよりは、調味料という感覚で僕は使っています。香りも味も、素材をすごく引き立ててくれるじゃないですか。ある意味、食材と食材であったり、食材と食べる人とをつなぐ、まさに潤滑油だと思います。「つないでくれるもの」っていう印象。いまでもそうなんですけど、僕のオリーブオイルの使い方っていうのは、たとえば魚と野菜であったり、ブイヨンと魚や野菜であったりというものを、オリーブオイルの香りと味がつなぐ役割を果たす、という感覚で使っています。

岡井　なるほど。

成澤　ヨーロッパでは、オリーブの実がなっている風景というのが、ごくごくあたりまえに目に入ってくるなかで生活するじゃないですか。スペインもそうだし、ポルトガルもそうだし、イタリアも、そしてフランスも。ハーブなんかでも、地中海沿岸では、ガーデンで育てるものというより、雑草のように、タイムやローズマリー、初夏の頃になればラベンダーが咲き誇っているという光景でしょ。イタリアの南のほうのプーリアとかシチリアとかへ行くと、荒地、石ころだらけの乾いた崖のようなところに、ものすごく太い野生のオリーブの木が生えているし。スペインに行けば、森の風景が全然違って、枯れた土地というか、すごく荒々しい場所に、元気に、力強く、自由にオリーブの木が生えているんです。何十年もそこに生えている野性味のあるオリーブの木の印象は強いですね。

岡井　オリーブの原産地の風景は迫力あるよね。

成澤　オリーブオイルっていうと、どうしてもイタリア産、というイメージがあるけれど、実際には、世界中、オリーブの木のあるところではオリーブオイルが生産されている。もちろん日本でもね。

岡井　成澤さんは、日本の食材を大事にしているよね。

成澤　10年ほど前から大きく方向を変えて、食材は旅をするべきではない、人が旅をするべきだというコンセプトでやっている。僕の場合は、東京、日本でお店をやっているのだから、日本の食材を使おうと。オリーブオイルも、国産のものを使いたくて、岡井さんに小豆島のオリーブオイル、つぎに静岡のオリーブオイルを紹介してもらった。

昆布締めした明石鯛。「鯛は水槽のケージに入れて、泳いでるけれど暴れない状態で東京まで運んできて、うちの裏で締める。そのくらいこだわっています」

ソースは水出しの昆布水にニンニクとコリアンダーを漬け込んで、それに柚子のジュースで酸味を加え、柚子胡椒で辛みをつける。キュウリやパプリカは、北海道の佐々木ファームから。肥料もやらない、もちろん農薬も使わない完全自然農法による。紫タマネギ、チェリートマトを細かく切って。

黄色い花はワイルドルッコラ、ピンクはローズマリーとタイムの花。全部、畑で咲いたもの。岡井路子持参の小さなハーブの花を、ひとつひとつ確かめながら、成澤さんが今日の一皿に加えてゆく。「タイムもいいよね、花がいいんですよ。贅沢だよね。いつもより豪華になっちゃった。これ、すごくおいしいよ」

静岡のオリーブオイルと、九州天草の塩で仕上げ。オリーブオイルは、瓶詰せずに、使う分だけ地下の冷暗所から容器に移してキッチンに持ってきている。

岡井　この10年ほどのあいだに、日本のオリーブオイルは世界水準でみても最高の品質といわれるところまで進化しているから。

成澤　いま日本のナリサワに、世界中から、いろんな人たちが来てくれるわけですよ。そこでお迎えするときに、日本の食材でお迎えしたいんですよね。静岡のオリーブオイルを使った料理をお出しすると、イタリアから来た人やスペインから来た人が、「おいしい」っていうわけです。で、そのとき初めて、「いや、これ日本のなんだよ」っていうと、みんな、日本でオリーブオイルが作られていることにびっくりする。日本産のオリーブオイルは繊細だし、雑味がないし、そういうところは間違いないよね。

「食」のプロフェッショナルの役割が大きく変わった

成澤　いまから8年くらい前に、初めて環境とガストロノミの融合ということで、ブラジルで発表したんです。そこらへんから世界の料理業界はサステナビリティということで大きく動き出した。２０１１年には、マドリード・フュージョンで「世界で最も影響力のあるシェフ」として選んでもらって。じつは、12月の16日にうちの店の15周年をやるんだけれど、17日の月曜日には、アジア人で初めて国際ガストロノミ学会からグランプリに選ばれた、その受賞式があります。

これは、僕たち「食」のプロフェッショナルの役割が大きく変わったということなんだよね。30年前までは、豊かな食材を、いかにおいしく調理して、いかにビジネスとして成り立たせるか、ということを考えていればよかった。ところが、いま食材を調達しようとすると、食材が生まれる

「食べることを真剣に考えるとき、いまの時代は、とくに自然環境、地球の環境、地球の存続というものを考えなければいけない」

スペインの料理学会で成澤さんは地球環境についてスピーチ。その発表用に作成された資料。モニターに映し出された「Aire」は、スペイン語で「空気」。「森林植物が光合成をすることによって、CO_2（二酸化炭素）はO_2（酸素）に変換されます。森は雨を浄化して、人が飲める状態にします。地球上に住む生き物は、森によって生かされています。地球は森の惑星なのです」

ベースとなる環境自体が問題になってきている。つい4、5日前にも、スペインの料理学会で僕が発表したのは、地球環境の話。料理の話はあまりしないんですよ。いま世界では、環境問題というものに「食」のプロフェッショナルがどう関わるかということがいちばん重要なんです。なんでかというと、僕たち「食」のプロフェッショナルが携わっているのは、食べることだから。食べることって、イコール自然からの恵みがなければ食べられるものにつながらない。自然から得る食材というものは、自然の環境があって初めて成り立つ。直結しているわけです。

岡井　本来、とてもシンプルなことなのにね。

成澤　さらに、食べるという行為は、すべての人間、人類にとって必要不可欠であり、オギャーと生まれてから死ぬまで付き合うことでしょ。「食」というのは、たとえばファッションとか住宅とか、いい洋服を着るとか、いい車に乗るとか、そんなこととはまったく次元が違う世界なんですよ。食べることを真剣に考えたときには、いまの時代は、とくに自然環境、地球の環境、地球の存続というものを考えなければいけない。すべてが「食」に直結するので、「食」を通して、社会の問題も環境問題も含めて考えられなければ「食」のプロフェッショナルとはいえないわけです。30年前とは違うんですよ、僕たちの役割が。

生産者さんを守り、食材を守る

岡井　成澤さんは、食材を大事にするのといっしょに、その食材を作っている生産者さんをものすごく大事にしているよね。

成澤　それはもう、食材がよければ料理の技術はなくてもいいくらいのものだから。僕は福島の後藤農園の桃を使っているのだけれど、２０１１年の夏、震災のときはすごくたいへんでした。桃の季節の８月に後藤農園に行ったら、「今年は、このあたりで作った桃が一個たりとも売れていない。サクランボが一粒たりとも売れていない。全部捨てるしかなくて、破産寸前の農家さんばかりだ」と。実際には、後藤農園のあたりは海沿いから離れたところにあって、地震の影響はあるけれど放射能はそのへんにはまったく来ていなかった。風評被害ですね。そこで後藤さんが僕にいったのは、「でも、おかげさまで、成澤さんのところが全部買ってくれるので、うちは大丈夫なんですよ」ということでした。小田原の頃からですから20年くらいのお付き合いです。生産者とのつながりって、そういうものでしょう。いいときも悪いときも。

岡井　生産者さんたちのところを訪ねるのは、なぜ?

成澤　基本的に、ナリサワで使ってる食材って、生産者から直なんです。だから、１００以上の取引で、そのほとんど全部の生産者さんのところに僕は行っています。誰が作っているのか、その生産者とお話もして、その土地の環境や雰囲気も見て、そのうえでその食材を使っています。行ったこともないところだと、実感がわかないしね。きれいな山草を週に1回、送ってくれる加賀市のおばあちゃんたちのところにも、しょっちゅう行っています。おばあちゃんたちの息子さんより僕は少し若くて、うちのスタッフを連れて行くと、お孫さんたちより若い。行くととても喜んでもらえますから、やっぱり行かないとね。

「もっと本質を見ようよ」

成澤　東日本大震災のときは、震災が3月で、僕はその4月から毎月炊き出しに行ってたんだけど、そのときに思ったのが、炊き出しって、食べるものが配られてもおいしくないものが多いんですよね。さめちゃったものとか。それで僕たちは、トラックに調理器具から全部積んでいって、そこでガスで火を起こして、できたてのあったかいものを食べてもらったりしてたんだけど、半年くらいすると、あまりにもメディアが炊き出しのことをいいだしたんですね。僕はメディアはいっさいシャットアウトしていたんですよ。半年後くらいから、売名行為でやりだす人たちが増えてきて、いろんな人間模様が見えてくるとね。むずかしいよね。

岡井　いっしょに被災地に通ったよね。向かうときは元気で、帰るときは疲れ果てて。行政の人たちと、本質的なところが噛み合わないことに疲れた。

成澤　なぜみんな、もっと本質を見ないのかな、と思うよね。アインシュタインの相対性理論じゃないけれど、いつか地球も終わる、人類も終わる。だけどその地球の寿命を、人間はこの数百年で一気に縮めている。産業革命以降のたった二百年のあいだに、人は地球の二酸化炭素を1・4倍にまで膨れ上がらせてしまった。

で、これはすごく大事なことなんだけれど、森が雨を浄化して人が飲める状態にします。森が光合成をすることによって、二酸化炭素を酸素にして人類が吸うことができるようにします。すべて森なんです。だから地球っていうのは、森の惑星だっていう話。いかに森が重要かってことね。どのようにして森と関わるか。

成澤　特にここ10年くらいは、僕の場合は畑でできるものももちろんだけれど、それと並行して日本の森の中にできる、人が種をまいて水をやって育てたものではなくて、自然が生み出している山野草であったり、野生の木の実だったり、果物であったりというものを積極的に取り入れているんです。森の中に入って、そこに30年も40年も住んでる人が見向きもしなかったものを僕が口に入れて「あ、これおいしいよ」っていう感じね。たとえば、いまも頻繁に使ってる、クロモジっていう爪楊枝にする木が、春の頃、やわらかい若葉を出すんですね。普通それ食べようとしないじゃないですか。でも、僕はそれをハーブといっしょで、食べてみるんですよね。そしたら、すごく香り

ハマダイコンの実

オニユリの蕾

クズの花

チャボガヤの実

エビヅルの実

オオウラジロの木の実

セリの花

ハマボウフウの実

ソクズの花

ハマナスの実

オオバタネツケバナの葉

シュウメイギクの花

土のスープ

里山の風景

がよくておいしくて。そういったものを、たとえば天ぷらにして使ったりとか。

岡井　そういう野性の感性って、誰もがもっているものではないからねえ。

成澤　あと飛騨高山では、ニオイコブシの花のつぼみ。12月くらいに森の中に行って、葉っぱもなければ何もない、枝だけになってる先につぼみを見つけたんですよ。これって命の芽吹きじゃないですか。こんな寒い中で、しかも枝も葉っぱもない木に、そういうつぼみがあるってことに、すごいパワーを感じたんですね。いっしょにいた人はびっくりするんだけど、僕は、取ってぱくっと食べるわけですよ。衝撃的な香りとおいしさ。もうとんでもない香りと味です。で、そこに30年も40年も住んでいる人が、「いやー、あんた何でも口に入れるね」って（笑）。

岡井　あはは（笑）。赤ちゃんにも、何でも口に入れて確認する時期がある！

成澤　僕としては、そうした森との関わりをメッセージとして出すために、森をテーマにした料理をやっている。ボスケ、フォレストっていうのが森、日本の里山。豊かなんですよね。クロモジの

南青山 NARISAWA

葉っぱもツバキも食べることができる、ヤブツバキをデザートにして、しかも砂糖を使わないデザート。発酵によって甘味が出る。

これがイノベーティヴ里山キュイジーヌと呼んでいる、里山料理です。でも田舎料理を出すんじゃなくて、やっぱりナリサワのフィルターを通して、いまの人たちが楽しめるような形に変えたり。もっというと、森を守ることの重要さをメッセージとする料理をきちんと出すということです。

森を使うだけでなく、森を労わることが必要だということで、スタッフみんなで森に行ってごみ掃除したり森を育てることも必要。クロモジを植えています。森を使って、森をまた育てる。結局森と関わることが自然環境にとってひじょうに重要だと。森と共に生きるという、ナリサワのいまのコンセプト、「Evolve with the Forest」です。

岡井　じっくり森と付き合いながら、共に生きる。

成澤　岡井さんもそうだけど、僕は、本質が見える人が好きなんですよ。僕は真実で生きている。あと何年生きるかわからないのに、人に嘘で気を使ってもしょうがない。

岡井　それそれ！

成澤　僕は人としゃべるのがうまくない。今日は相手が岡井さんだからこんなにしゃべってるだけで、普通はしゃべらない。

岡井　（笑）

成澤　あまり友だちもいないし、知り合いもいない。うちで使う山野草を山から取ってきてくれる人たちは、全部女性。おばさんじゃなくて、もうおばあちゃんだけど、僕のために、野菊の会っていう会まで作っちゃって、行くとおばあちゃんたちにおがまれちゃう。で、うちのスタッフたちが、「シェフのファンは年配者ばっかりですね」って(笑)。

岡井　それは、自慢できる。

南青山 NARISAWA のラボのテラスで。

南青山NARISAWA
オリーブの木のあるラボのテラス

南青山NARISAWA のラボの厨房の外に作られたテラス。ビルに切り取られた空から降り注ぐ光を浴びて、都心のオリーブは育つ。

テーブル中央の蓋を開けるとオリーブの鉢。水やりもここから。

テーブルとデッキのあるテラス。奥の建物の中は数々の名作料理を生み出すラボの厨房。

ここに座って打ち合わせをすると、目の高さにきれいなオリーブの梢がある。小倉園さんで選んだオリーブの木。

南青山NARISAWA
キッチンガーデン

賀茂ナスを使った人気料理の「祇園祭」にトッピングされる赤とピンクのペンタスが、小さなキッチンガーデンで花盛り。

祇園祭

ワイルドストロベリーの白い花と赤い実。

岡井／「進学塾に行く子供がブラックベリーを取って、ポンと口の中に。むりやり引っ張ったのはすっぱくて、手の中にコロッと落ちたのが甘いって、食べ頃を覚えるんだよね」
成澤／「落ちる寸前がおいしい」

【協力】
東京 南青山 Restaurant "NARISAWA"
〒107-0062
東京都港区南青山2-6-15
03-5785-0799
http://www.narisawa-yoshihiro.com/

【写真】
田中雅也　p86-87、p90-91、p93、p101-106
NARISAWA　p97-99

オリーブが世の中を変える

オリーブとは、
ずいぶんいっしょに
仕事をさせてもらっていて、
すごく身近になりましたけれど、
僕にとっては、いまだに憧れ。
ずっと憧れてて、大好きで、
だから追いかけ続けている。

西畠 清順

そら植物園 代表

にしはた　せいじゅん
1980年10月29日生まれ。兵庫県出身。そら植物園株式会社 代表取締役 。
21歳より日本各地・世界各国を旅してさまざまな植物を収集し、
依頼に応じてコンセプトに見合う植物を届けるプラントハンターとしてのキャリアをスタート。
今では年間平均250トンもの植物を輸出入し、日本はもとより海外の植物園、政府機関、企業、貴族や王族などに届けている。2012年、"ひとの心に植物を植える"活動を行う、
そら植物園を設立。
植物に関するイベントや緑化事業など、国内外のプロジェクトを次々と成功させ、反響を呼んでいる。
著書に「教えてくれたのは、植物でした」(徳間書店)、「そらみみ植物園」(東京書籍)など。

西畠清順さんと私

「東アジア野生植物研究会」主宰・森 和男さんの新年会で知り合いました。

「千年オリーブ」を小豆島に植えた日

清順　オリーブといえば、僕の会社の農場がある大阪府池田市っていうのは、植木の生産地なので、前から苗はいっぱい作られていましたね。だけどそういうのを見ていて、「なんか、ひょろひょろした優しい木だな」としか思っていなかったんです。要するに、十数年前の大阪の植木市場には、かっこいいオリーブの木がなかった。

　で、そんなときに、ヨーロッパに呼ばれて行って、オリーブ農園とか、人の庭にあるオリーブの巨木を見て、「あ、これがオリーブのホントの姿か！」と。やっぱりそのときの印象というのは、なんだろう、ほんとうに何かのシンボルのように見えたんですね。

岡井　かっこいいよね、原産地のオリーブは。どの木もね。

清順　そう、かっこいい。そこでイメージが変わったんですよ。ヨーロッパで本物の、本来のオリーブの木に出会ってからは、これはものすごいシンボルになり得る魅力的な木だと。印象が、がらっと変わった。それが２００６年頃かな。

「オリーブにはカリスマ性があります。人類の長年の歴史の中で、実は食料になり、オイルは宗教儀式に使われ、幹とか枝は木材として使われたり、近年だったらバイオディーゼルになる。葉っぱはオリンピックの勝者のシンボルになり、国連のシンボルになり、これはもう、どこから見ても完璧なカリスマです。人々に貢献してきた実績とかが全部オーラになって出ている」。代々木VILLAGE by kurkku にて。

で、僕がオリーブの木の輸入に着手し始めたのも、ちょうどその頃で、過去最高にでかいオリーブを入れようと思ったのが小豆島だった。1年ぐらい前から準備をして、スペインのアンダルシア地方に樹齢千年のオリーブの巨木を見つけて。そして２０１１年の3月のある日、オリーブを運んで来た船が神戸港に着いて、検疫を終えた木を、ちょうど船から吊り上げているときに、仲間から電話があったんです。「東北がえらいことになっている」と。３・11は、オリーブの木を船から引き上げている日でした。これは、忘れられない。

岡井　こっちは、前年の12月頃だったかな、突然、清順くんから電話がきて、「3月15日が小豆島のオリーブの日やから、その日に小豆島におってくれへん？」って。理由も何もいわないから、「何？」って聞いたら、「来てもろうたら、ええから」って。わけがわからなかったけれど、とりあえずその場で飛行機とホテルを予約。で、震災があって、ちょうどウチの車には空港まで行って帰れるだけのガソリンが入っていたから、予定通り小豆島へ。翌朝、清順くんが泊まっている宿舎に行って、いっしょに、オリーブの植樹祭に出させてもらった。ほんとは盛大に式典をやるはずだったのを一切やめて、被災地に向かって黙祷。オリーブは平和の象徴なので、この木が元気に育ってくれますようにって。

清順　そう、神主さんが来られて、神事だけはやりましたね。

岡井　列席されている男性たちはみんなダークスーツで、私ひとり、すみれ色のコート。あれは相当、浮いていた（笑）。

清順　僕は作業着で長靴。

岡井　植えたのが「千年オリーブ」だったから、担当者はたいへんだったと思う。日本でオリーブ

小豆島「千年オリーブ」

＊「千年オリーブ」／小豆島ヘルシーランド株式会社からの依頼により、西畠清順さんがスペインから運び、香川県小豆郡の瀬戸海を望む場所に植えた樹齢千年のオリーブの木。

スペインのアンダルシア地方からやってきて、無事、小豆島に根をおろした「千年オリーブ」（＊）。

2011年3月15日。小豆島で行われたオリーブの木の植樹祭。

を育てようと思うと、アナアキゾウムシっていう天敵がいるから。枯らさないように、みんなナーバスになるよね。でも、植えたとき幹だけだったのが、どんどん芽吹いて、8年たったいまはすごく立派なオリーブの木になっている。それこそシンボルにふさわしい風格で、瀬戸内海を望むすばらしく眺望のいい場所にどっしりと根付いて、千年の時間を感じさせてくれているよね。

清順　そう。この木のもっている存在感は、見た目とか、性質とか、ストーリーとか、歴史とか、人々に貢献してきた実績とかが全部オーラになって出ているみたいな。地中海にはたくさんの植物があって、それはそれですばらしいけれど、オリーブはなんか別格というか、もっといったら、カリスマ性があります。人類の長年の歴史の中で、実は食料になり、オイルは宗教儀式に使われ、幹とか枝は木材として使われたり、近年だったらバイオディーゼルになる。しかも葉っぱはオリンピックの勝者のシンボルになり、国連のシンボルになり、これはもう、どこから見ても完璧なカリスマですよね。いろんな木を扱ってるけれど、やっぱオリーブは違うなと思う。

相手が生き物だからこそ紡げるストーリーがある

岡井　オリーブは、人間よりもずっと長生きだよね。なのにオリーブの樹齢って、なんでわかるの？

清順　スペインで聞いた話によると樹齢の推定法のひとつは、サイズなんですよね。地上部から1・3メートルのところで、幹周が3メートルあったら樹齢千年と認めましょうっていう基準があることを聞いたんです。僕が山口県宇部市のときわミュージアム「世界を旅する植物館」に植えたオリーブは幹周が4メートルくらいあるんですよ。

小豆島「千年オリーブ」　植樹祭

「千年オリーブ」が無事に根づくよう
祈りを込めて植樹。

岡井　ほう。ところで、そんな大きなオリーブって、どうやって運んでくるの？

清順　コンテナに積んで船で運ぶんですけれど、コンテナ1個をオリーブの木で満載にしたら20トンくらいになると思います。オリーブの大きさにもよりますが、代々木ビレッジにある推定樹齢五百年くらいのちっちゃい木だと、10何本とか。おっきな木だったら2本しか入れられない。

岡井　運んでいる間の、温度管理とかもたいへんだっていってたよね。

清順　いろんな植物を運んできたけれど、その中じゃ簡単なほうなんですよ。輸送の環境にも強いしね。ただ、オリーブの場合はすごくでかいのと、最近はイタリアを中心にオリーブを枯らす細菌が見つかって、それに対する規制が日本でもだいぶ厳しくなっているんですよ。

岡井　アメリカから苗木を入れられなくなったもんね。税関で止められたこともあったっていってたね。

清順　厳密にいうと、検疫をまず受けて、検疫をクリアしたら税関。税関をクリアしたら、それでもう、運んできた木を受け取れるんですけれど、検疫で引っかかると焼却処分するか送り返すか、という選択になるんですよ。その場合でも、日本で燻蒸とか消毒を受けて輸入することができることもあるけれど、それではすまなくて送り返したこともあります。

岡井　送り返すって、自腹で？

清順　自腹です。運んで来たのは、何千本ってある中から、10本とか20本とか選りすぐったオリーブだから、焼却処分っていわれても、とてもそうはできなくて、送り返しました。

岡井　オリーブは生き物だもんね。

清順　それは大きいです。そうでないとたぶんやってないですね。僕はほかのことにあんまり興味がなくて、相手が生き物で、植物だからやっている。これが車だったら、他にやる人はいっぱいいるし、すごいことをできる人がいる。相手が植物で、僕が植物を熟知しているからこそ出せるアイデアがあるし、紡げるストーリーとかがあるわけで、これはもう絶対ですね。

オリーブの力で空間を変える

岡井　海外でオリーブを選ぶときの基準は?

清順　いちばん大切なのは木のコンディションですね。細かい根っこがちゃんと出てくれる部分をたくさん残しているか、残していないか。個性のある木はほんとにたくさんあるんですけれど、その中でも移植に耐えうる木。それから、品種にもこだわる。最近、どれが耐寒性が強いかとか、どれが移植に強いかというのがわかってきたんですよね。

岡井　清順くんは、その空間の目的に合った木を選ぶのがじょうずだよね。たとえば病院の中庭だったら、人を癒すようなオリーブを選ぶ。

清順　人が帰ってくる場所、人が住まう場所、人を集めなきゃいけない場所。いろんな場所があって、いろんな空間があります。それは老人ホームだったり、お葬式場だったり、結婚式場だったり、いろいろあって、そのプロジェクトに合わせて木を選ぶわけですけれど、オリーブは提案しやすい木なんですよね。

なぜかといったら、木を植えたいときに、人はポジティブなものを求めるじゃないですか。たとえば樹木葬をやるのにどんな木がいいかっていったら、あまりにも寿命の短い木や弱々しい木、誰も知らない珍しすぎる木や、ちっちゃいまんまであまり伸びませんっていう木を植えるわけにはいかないんですよ。人間を遥かに超えるような寿命をもっていて、説得力のあるカタチをしていて、なおかつ縁起がよくって、みたいな木っていったら、やっぱりオリーブがいちばんです。

岡井　そういえば銀座ソニーパーク（＊）に、清順くんが設置したのも推定樹齢千年のオリーブの木だね。

清順　東京・銀座の数寄屋橋交差点にオリーブの木があると、おもしろいですよね。僕の仕事のコンセプトは、そこに植物を届けることでいろんなきっかけを作りたい、世の中を変えていきたいっていうことです。その手段として庭を作ることもあれば、イベントで装飾することもあれば、空間を演出することもある。そんなときには、オリーブの力を存分にお借りしているという気がしますね。

岡井　日本の空間にもオリーブは合うよね。

清順　すごく合います。僕は和風仕立てのオリーブって呼んでいますけれど、５、６年前くらいから一気にスペインで流行り始めた仕立て方があるんですよ。それまでのスペインでは、幹をボーンと切ってパーッと枝を吹かせるか、「ポンポン」って彼らはいうんですけど、ガジュマルみたいに丸く作るか。それが、この５年くらいでめっちゃ変わってきていて、ＮＨＫスペシャルでは「ニシハタ・スタイル」って呼ばれてましたけど、それってじつは僕が教えたやつなんです。

岡井　盆栽みたいのね。

清順　それが和風庭園に似合うわけですよ。最近ある庭を作ったんですけど、そこには山と小川を作って、コケや山野草と懸崖《けんがい》仕立て（＊）のオリーブを植えて、その下から水が吹き出て流れ

＊銀座ソニーパーク（Ginza Sony Park）／ 2017 年 3 月に営業を終了した東京・銀座の「ソニービル」の跡地に生まれた先端的な「公園」。地上フロアと地下のローワーパークからなる。地上フロアのコンセプトは「買える公園」で、西畠清順さんが世界中から集めた植物が植えられている。東京に国内外から一層多くの人が集まり賑わう2020 年秋までの期間運営される。

＊懸崖（けんがい）仕立て／断崖からのりだすように生えている松の木などに見立てて、盆栽で主幹を下向きに伸ばして形を作る仕立て方。

ていくんです。ただしコケのすき間にはクリーピングタイムが生えてるというような、日本の庭の様式と海外の植物を掛け算した庭を作って、えらい喜んでもらった。

だいたい洋風とか和風とかっていうのは勝手に人間が呼んでいるだけで、「ここからこっちはアジアで、そこからはヨーロッパだ」なんて、地球の歴史からしたら、ごく最近の話であって、べつに地球上には、もともとそういう区切りなんてなかったはず。むしろ洋のものも有形無形を問わずなんでも取り入れてきて、ミックスしてきたのが日本人じゃないですか。だから僕は和風の庭園を設計するからといって、和の植物だけで考えないといけないとは思っていなくて、そこにいちばんふさわしい植物とか、お客さんが喜ぶ植物を取り入れてミックスしてあげることこそが、ほんとの「和」＝「和える」ことだなって思っているんですよ。

岡井　うん。

清順　西洋文化への憧れって絶対あるわけで、それは別に否定するわけじゃなく、いいとこだけ選って取ってきたのが日本人だから。ファッションでも音楽でも。そういう意味ではいろんな国とグローバルに植物の仕事させてもらってる自分自身は、どういう気持ちでいるべきか？　それを考えたときに、「和える」とか、「和」とかの言葉がもつ意味がすごく大切になってくる。狭い意味じゃなくて、広義の意味での「和」にしたいしね。

岡井　日本の伝統的な庭もそうだよね。

清順　むしろ昔の茶人なんかは、そのときにいちばんハイエンドな異国のもの、当時でいうと唐物《からもの》（＊）を取り入れることが流行ったわけで、そういう時代にやってたこととまったく変わりないんですよね。

＊唐物（からもの）／中国からもたらされた製品。鎌倉時代から室町時代へと、当時の為政者の間で茶の湯が盛んになるとともに茶道具として中国伝来の茶器が珍重された。

代々木VILLAGE by kurkku

音楽プロデューサーの小林武史氏を中心とした株式会社KURKKUがコンセプトプロデュースを担当。デザイン、内装、レストランなどを、日本を代表するクリエイター陣が手がける「こだわり」を追求しつくした新商業施設。敷地の大部分を占める庭は、プラントハンター西畠清順が全面プロデュース。

プラントハンターは植物で世の中を変える

清順　今日、来てもらっている代々木ビレッジ、ここは「共存」をテーマに各国を代表する植物が、国境もなく、いっしょに仲よく暮らしている唯一無二の場所です。だから全部ばらばら。ここは音楽プロデューサーの小林武史さんといっしょに作ったのですが、バンドみたいな庭にしてくれ、と。ベーシストはベーシスト、ギタリストはギタリスト、パーカッション、ドラム、ヴォーカル、それぞれみんな個性があって、それぞれが違う動きをしているけれど交わるとひとつになる。同

樹齢約五百年といわれるスペインのオリーブをはじめ、メキシコのユッカロストラータ、モロッコのヒマラヤスギ、スペインの竜血樹、オーストラリアのボトルツリー等々、プラントハンター西畠清順さんが、世界中を巡りながら集めた120 種類以上のおもしろい植物が共存する「世界でひとつの庭」。四季を通して多彩な表情を見せてくれる。

5年でひとつの森になった
代々木VILLAGE by kurukku。

じことで、いろんな植物がばらばらに植えられているけれど、ひとつです。「ここは、そのうち、ひとつの森になります」と最初に僕がいったときには、だれも信じなかった。でも、5年たったら森になったでしょ。ここは9年間限定のインスタレーション。僕にとっては9年間のプレゼンテーション。そういうコンセプトでやっている。おかげでいまでは、年間、40万人の人が来ます。

岡井　40万人も来るんだ！

清順　植物って、ぱっとそのときだけを見る人が多いけれど、長い目線で見たときには、また違う世界が見えてくる。僕の場合は、気づきとか、視点とか、考え方みたいなものを、庭を作るという手段を使ってやっているだけで、いい庭を作るというのが目的ではないんですね。これ、めちゃ育ったねとか、大丈夫なの？とか、気にさせるというか、気づいてもらうというのが目的。「植物で世界を変える」と、いい続けてきました。

岡井　で、9年が満了したら？

清順　うーん、早くいいたいけれど、まだまだ秘密。乞う、ご期待です。

僕らの仕事は、いま、企業からの仕事と、行政からの仕事がツートップ。企業も行政機関も、何か新しいことをやるときに、方針の中に必ず緑が入ってくる。「花と緑で街おこし」というのは、はっきりいって、死ぬほどたくさんあるけれど、僕がコンサルやアドバイザーとして開発に係わっている行政機関の仕事は、その土地ならではの花とか緑を考えましょうというのと、その土地に住んでいる市民の皆さんといっしょに考えましょうというのをコンセプトにやっています。

たとえば山口県宇部市のときわミュージアム「世界を旅する植物館」。そこは市民のみなさんと4回ワークショップをして、「16万人の街に植物館がある。しかも100ヘクタールもの公園があるのはラッキーですよ。他府県や韓国、中国の観光客も呼んで、地元にどうやってお金を落としてもらうか考えましょう」っていって、いろんなアイディアを市民といっしょに考えて、市民といっしょに選んで、ちょっとお手伝いさせてもらったみたいな感じで作っていった。そんな中で、地元の市民が寄付してくれたり、クラウドファンディング（＊）してくれたり。市長も本気になって、市民の意見を取り入れるために植物館リニューアルの予算確保に尽力してくれました。

岡井　そうやって作った場所は、市民の愛着も違うよね。

清順　これだけの場所にこれだけの木を植えたからカーボンニュートラル（＊）ですっていうより、人が住んでいる場所とか働いてる場所、行き交う場所に花や緑を植えて見せれば、そういう行為を社会として行っているということで、緑の必要性について、意識づけができる。そこが僕は重要なことだと思ってるし、日本だけじゃなくて、いろんな国でそれがあたりまえになっている。

岡井　清順くんは、プランナーだねえ。

清順　僕って庭師でもない、ガーデナーでもないし園芸家でもないし、グリーンコーディネーターでもなくて、どんな植物をどういう運び方をすればどんなメッセージが伝わるかということだけを考えている。かっこいい庭を作りゃいいわけではないし、おもしろい木をもってくればいいだけでもないんですよね。

　そもそもプラントハンター（＊）っていう職業自体、大航海時代に、珍しい植物を集めて、貴族や王様のところに持って行った、というイメージがあるけれど、いちばんわかりやすいプロフィールというのは、植物を運んだことによって世の中を変えたことでしょう。プラントハンターが植物を運ぶことによってそこの土地が豊かになる、生活に影響を与えるとかね。それはすごいこと

＊クラウドファンディング／不特定多数の人たちが、インターネットなどによってつながり、社会活動や政治活動、アーティストやベンチャー企業などに資金の提供を行う仕組み。資金調達の手法。

＊カーボンニュートラル／人間の活動によって排出される二酸化炭素が原因となる地球温暖化への対策を考える時に用いられる、排出される二酸化炭素と吸収される二酸化炭素が同じ量であるという概念。

＊プラントハンター／15世紀半ば頃から始まる航海技術の進歩に伴い、ヨーロッパ人がアフリカ、アジア、アメリカ大陸へと航海先を拡大していった時代に、航海に同行し、食料・香料・薬・繊維等、人の暮らしに役立つ有用植物や、観賞用植物の新種を見つけて持ち帰ることを職業とした。中国からインドへ茶を運んだロバート・フォーチュン、ユーカリやミモザ、アカシアを西欧に紹介したジョゼフ・バンクスなどがよく知られる。

ですよね。

だから僕自身、自分が植物を運ぶことによって価値観を広く変えることができたらいいなと思う。昔のプラントハンターみたいに、世の中を変えられるかなと。そればっかり考えてます。

岡井　植物が人の暮らしを豊かにするって、いいね。

清順　オリーブに関していえば、造園や園芸という目線のみならず、生活でどう利用するかとか、こういう文化が背景にあるんだよとか、そんなことを伝え始めたのは、僕が知る限りでは、岡井さんが最初で、第一人者だと思います。

岡井　オリーブについては、知らないことばかりだったから。なんでもそうだけど、知れば知るほど、自分がどれだけ知らないかっていうことがわかる。知らなければ、それもわからないもんね。

清順　うん、なんでもそうだと思います。植物も約27万種類原種があるっていわれているけれど、世界最高峰の学者でもせいぜい知ってて1万種類か2万種類でしょ。知らないことのほうが圧倒的に多いわけですよ。1万種類知ってて植物のことを語るか、20種類しか知らんのに語るのか、全然違うじゃないですか。でも1万種類知ってる人は、どれだけ自分が知らないかということを、ちゃんと知ってますよね。

植物っていうのは奥が深くて、一生や二生で極められるものじゃない。だから何かに特化してみんなやっていくわけですけれど、そういう意味では岡井さんのオリーブっていうのは、日本人では少なくともそこのポジションにいた人はほかにいないと思う。

岡井　オリーブの木が日本に入ってきて百年と少し。だからいままでいちばん古い木の樹齢が百何年かだったのが、突然、清順くんが樹齢千年のオリーブとかを運んで来て、塗り替えてしまっ

た（笑）。

清順　僕らは、オリーブインフルエンサーの2人やと思いますよ（笑）。もともとは、岡井さんが元祖インフルエンサーで、オリーブの大きな木を運んできたインフルエンサーが僕で。

岡井　元祖オリーブインフルエンサーか（笑）。では、あらためて聞きます。清順くんにとって、オリーブって何？

清順　オリーブとは、ずいぶんいっしょに仕事をさせてもらっていて、すごく身近になりましたけれど、僕にとっては、いまだに憧れ。ずっと憧れてて、大好きで、だから追いかけ続けている。そんな存在です。

山口県宇部市　ときわミュージアム「世界を旅する植物館」

原産地の植生を意識した8つのゾーンに特徴的なシンボルツリーを植栽。ヨーロッパゾーンにはオリーブの木。

世界を旅するように珍しい植物や花、果実に出会える。

銀座ソニーパーク（Ginza Sony Park）

東京・銀座数寄屋橋の交差点の一画に植えられたオリーブの大木。

近づくとオリーブの木の生命力に圧倒される。

オリーブの「樹齢」について

スペインの樹齢推定法のひとつはサイズ。
地上部から1・3メートルのところで、
幹周が3メートルあったら樹齢千年と認める
ということを、スペインで聞いた。

【協力】
そら植物園株式会社
https://from-sora.com

そら植物園 インフォメーションセンター＆カフェ
〒151-0053
東京都渋谷区代々木1-28-9 代々木ビレッジ2F
TEL 03-6276-2877

代々木VILLAGE by kurkku
http://www.yoyogi-village.jp

【写真】
北川鉄雄　p108-109、p118-119、p122-123
そら植物園 p111、p120、p124-126
岡井路子　p112-113

オリーブが地域を活性化する

人は生まれてから死ぬまでの長い旅路の中で、
自分が生まれてきた意味、
自分の役目を探し続けるっていうじゃないですか。
私はそれを、オリーブに気づかせてもらったんですね。
オリーブは、私に人生のミッションを
教えてくれたのだと思います。

西村 やす子

クレアファーム 代表

にしむら やすこ
株式会社クレアファーム代表取締役。1997年、司法書士法人つかさ設立。
法務コンサルティングや中小企業の経営支援を行う。
2014年、オリーブオイル専門店CREA TABLEをオープン。
15年、株式会社クレアファームを設立、農業を核とする地域活性事業に取り組む。
2017年、地域商社FTJふじのくに物産設立。

西村やす子さんと私

西村さんがオリーブオイルソムリエの資格を取るために参加していた「日本オリーブオイルソムリエ協会」のカリキュラムで、西村さんは私が担当する講座を受講。農林水産省関東農政局主催のオリーブシンポジウムで再会。オリーブをめぐって交流が始まりました。

関東で初めてのオリーブのシンポジウム

岡井　関東農政局から、「オリーブのシンポジウム（＊）を開くから意見を聞かせてほしい」って連絡をもらったのが２０１６年の夏だったかな。関東でオリーブのシンポジウムが開催されるなんて初めてのことだったから、オリーブもここまでメジャーになったんだ、と。農政局の担当さんに、何人ぐらいの参加者数を想定しているのか聞いてみたら百人ぐらいって。告知は農水省のホームページでだけ、ということだったので、フェイスブックで手伝ったら、三百人ぐらい申し込みがあったみたい。

西村　私のところにも関東農政局の方から、「新しい農業モデルとしてのオリーブについて話してください」と連絡をいただきました。その頃の私には、登壇するほどの能力も実績もなく、価値のある話ができる自信がなくて一度お断りしたんです。

岡井　そう、農政局の担当者が「静岡の西村さんに断られました。電話つながりません」って。で、私がかけたらつながった。

西村　尊敬していた岡井先生からの突然の電話でびっくりしているところに、「シンポジウムに出て」といわれ、思わず「はい、行きます！」って。先生に会えるんだったら行ってみようかなと思ったんです。そのご縁で「クレアファームの畑、一度見に行くよ」と、苗木がまだ小さい頃に静岡まで見にきてくださって。先生のオリーブ講座を受講したことはありましたが、そのときはまだ親しくお話ししたことはなかったので、緊張しながらオリーブ畑をご案内している最中に「来月、トルコに行くから、いっしょに行かない？」と誘っていただいたんですよね。「えー、トルコです

＊オリーブのシンポジウム／農林水産省関東農政局の主催で2016年9月13日に開催されたオリーブのシンポジウム。テーマは「関東におけるオリーブ栽培の可能性を探る」。基調講演を岡井路子、西村やす子さんが登壇者として「新しい農業モデル構築に向けて」を講演。

西村やす子さん。駿河湾と富士山を望む景勝地、日本平にオリーブ農園を立ち上げ、国内有数のオリーブの生産地とすることに成功。地元の農業、漁業に携わる人たちへの六次産業化支援に貢献。藤枝市、沼津市、三島市をはじめ、周辺の市や、そこに暮らす人たちからの支援要請に応えて、いくつものプロジェクトを立ち上げ、いっしょに活躍中。

クレアファーム 日本平オリーブ農園

クレアファーム 日本平オリーブ農園から駿河湾を望む。

＊トルコ／トルコ共和国。国土の南は地中海に面し、スペイン、ギリシャ、イタリアに続く世界第4位のオリーブ生産量をもつ。

か？」と（笑）。そのまま、勢いでオリーブ発祥の地、トルコ（＊）について行くことになったんです。

岡井　乗る飛行機の便名を知らせて、「この飛行機を予約してね、成田で会いましょう」って。マジカルミステリツアーだよね。

西村　トルコはちょうどオリーブ収穫シーズン終盤の時期で、市場にはいろんな種類のオリーブの生実や漬け物が所狭しと並んでいたし、イズミル地方のオリーブ畑の景色は圧巻でした。見るもの口にするもの、すべてが驚きと感動で大騒ぎしながらの楽しい道中。そんな中でも先生は私が見るべきポイントをちゃんと教えてくれて。「この木はこういうふうに枝が出るんだよ」とか「樹齢百年、二百年の樹はこういうところが特徴なんだよ」とか「この土壌ではこんなふうに育つ」とか。土地の空気を感じながらの生きた学び。さらにオリーブだけでなくそのまわりの植物も含めていろんな興味深い話を聞かせていただきました。中でもいちばん強く心に残ったのは、人々の生活の中でのオリーブの存在感。オリーブのある暮らし。日本人が梅のシーズンに梅干を漬けるように、収穫したオリーブで自分の家の味のオリーブ漬けを作るとか、近所で採れた食材を近場で採れたオリーブオイルを使っておいしく料理するとか。この旅で強く感じたのは、自分が生産者となってオリーブを作るというのは、併せて新しい食文化を創ることなのかもしれない、ということでした。

岡井　まさに、百聞は一見にしかずの日々だったね。

西村　日本のオリーブオイル食文化はまだまだ未成熟、オリーブオイルが一般家庭で使われるようになってまだ歴史が浅いですから。そもそも本物のオリーブオイルの味を知っている人がほとんどいない日本では、一般的に買える安いオリーブオイルは酸化や劣化したものが多く、良質

クレアファームでは現在、20品種のオリーブを栽培。写真はアルベッキーナ。

なオリーブオイルはなかなか手に入りにくい。高額品ならすべておいしいともいい切れない。そんな中で、人々がどのようなオリーブオイルを選んで、日々の生活の中にどう取り入れていくか。またオリーブの実をどのように楽しむか。日本ならではのオリーブオイル食文化をどう作っていこうか。トルコに行ったのは、まさにターニングポイントになりました。ノリと勢いだけでごいっしょしたはずが、じつは必然の旅だったのかなあって思うんです。

岡井　説明なしの、「トルコ行く?」の一言に乗ったのは正解だったかもね。

西村　もともと、子供の頃から料理や食材にはすごく興味があって、小学校1年生くらいから夏休みにはNHKの「きょうの料理」をずっと見ていて、魚のおろし方とか食材の切り方、火の通し方とか、料理の基本ってよく知っていたんです、やったことがないのに(笑)。高校生くらいのときには、食品成分や食材のカロリーなんかも本で読んで丸暗記していましたね。大人になって海外旅行に出かけるようになると、その土地の食材や郷土料理に興味をもちました。欧米だけでなく秘境やイスラム圏など、さまざまな文化圏に行っては、その国の食文化にワクワク。地元のスーパーマーケットやマルシェめぐりに余念がなかったです。

食への興味が高じて、司法書士業務の傍ら、野菜ソムリエや食育マイスターなど食資格をいくつか取得していたときに、オリーブオイルソムリエ(*)という資格を見つけたんです。油のソムリエっておもしろそうだなあと思って。

岡井　それでオリーブオイルソムリエの勉強を始めたんだ。

西村　はい。そこで、「これが、本物のオリーブオイルですよ。飲んでみて」っていわれて、びっくりしたんですよ。「え、オイルって飲めるんですか?」と。飲んでみると、フルーティでおいしくて。

＊オリーブオイルソムリエ®／オリーブやオリーブオイルに関する専門的知識、テイスティング実技技術を講座受講によって学んだ後に認定試験に合格すると資格認定証とソムリエバッジが授与される。

クレアファームのオリーブ農園で、搾りたてのオリーブオイル。

オーガニックのオリーブ農園

車では上れない険しい道をトラクターに乗せてもらって、ゆっくり進む。トルコ共和国の西部に位置し、エーゲ海地方アイドゥン県にある。

トルコ・マジカルミステリーツアー

ボスタンルの水曜パザール（市場）

トルコでは、常設のマーケットではなく、決まった曜日に開かれるパザールが一般的。写真は、イズミル市のボスタンル区で、毎週水曜日に開かれるパザール。

オリーブオイルのグダタイ社

オリーブオイルの品質にかけては、とことんこだわり抜くジェマルさんが工場長を務めるグダタイ社の搾油工場。香りは？ 風味は？テイスティングによって、オリーブオイルの品質をチェック。

私は「自分は食通だ」と思っていたのに、オリーブオイルのことを全然知らなかったっていうのが新鮮でした。まずこのおいしさをみんなに伝えたいと思ったところから、オリーブオイルにハマったんです。

静岡でオリーブ栽培はできる？

西村　オリーブオイルのおいしさを知ったとき、国産が2パーセントもないってことを聞きました。簡単に育たないので、国産オイルはほとんど出回らない、と。

岡井　日本の市場に出回っているオリーブオイルは98パーセントが輸入品。しかも、あまり質のよくないものが多くて、ホントにおいしいオリーブオイルを見つけようと思うとけっこうたいへん。

西村　いっぽうで、健康ブームも手伝ってオリーブオイルの市場は伸びていたので、耕作放棄地等を活用して質のよいオイルを作ればニーズはあるかなと思ったんです。残念ながら日本で栽培に大成功した事例、もっといえば農業ビジネスとして国産オリーブの栽培だけで成り立っている農業者を聞いたことがありません。気候や土壌などの課題があり、オリーブは日本での栽培に向かないというのが通説です。ではなぜ育たないのかという疑問を持ったので、国内外の専門機関や専門家の先生たちを訪ね、育たない理由や可能性を探りました。そしてかなりリスキーながらもチャレンジする余地があると判断したんです。最低条件として気候や土壌にあった良質な苗木を選定し確保すること、世界レベルの栽培技術や搾油技術も必要、「ものづくり」として生産者としての強い熱意は当然のこと。仮に国産ができたとしても、それにさらに価値をつけて「売る」

という仕組みを作らなければ、とてもじゃないけれど業として成り立たないだろう。清水の舞台から飛び降りるほどの強い決意が必要でした。この事業に専念するために脱サラして起業に加わった夫と二人、覚悟を決めるまで長い時間がかかりました。

左から、焼津カツオ オリーブ酒盗、焼津かつおの和風ペースト、静岡産わさびとしらすの食べるオリーブオイル。地元の一次生産物に上質のオリーブオイルを加えることで高付加価値化した製品。

静岡駅からほど近い街の中心部にオープンさせたオリーブオイル専門店『クレアテーブル』。

岡井　エライ！

西村　新たなチャレンジ…簡単な言葉だけれど、何の保証もありません。失敗に終われば、これまで司法書士の仕事を通して作ってきた信用も失う。ほんとうにリスクだらけ。地元でも経営者仲間や農業者さんたち、行政の方々、みんなに反対されました。いっぽう、私が住む地域には農業の耕作放棄地問題とか後継者不足とか、地域農業の課題がたくさんありました。この大きな地域の課題に取り組んで、何かしら新しい農業ができたら、地域の課題解決につながるような仕組みができるかもしれない、自分が法律家や経営者として培ったスキルや経験を新しい試みに活かして地域農業の活性化につなげてみたい、と思いました。

「売る」ことを先回りして考えて

西村　次に悩んだのは、仮に質のよい国産のオリーブオイルができたとしても、それが売れるだろうか、ということでした。というのも、私自身が国産オリーブオイルを買わないからです。国産の価値ってわかりやすくて、輸入された魚よりも近海のものを食べたいとか、輸入肉よりも国産牛を食べたいとか、明らかに国産のほうが安全だからというのが選ぶ理由です。でも、オリーブオイルって、静岡で質のよいものができても、私が国産オリーブオイルにまったく興味がないのと同じ話で、オリーブオイルが好きな人が選ぶ高級輸入品に勝てるかといえば、とても太刀打ちできないでしょう。だから、高品質な輸入オイルにはない別の価値、そして競争に巻き込まれないよう自分たちにしかできない価値を創らなければと思ったんです。

CREA TABLE
CREA TABLE
OLIVE OIL
CREA TABLE

岡井　価値を新たに創る、と。

西村　私たちがオリーブを栽培する場所として最初にご縁をいただいた場所は清水区日本平。駿河湾と富士山を望むすばらしい景勝地です。ここは久能山東照宮など観光資源が点在しているエリア。日本平は、昔からミカンの産地だし、周辺にもイチゴその他果樹の畑がたくさんあります。オリーブ園をはじめとして、季節ごとにいろいろな農園体験などで、多くの観光客を呼び込むことによって地域が活性化したらいいなと。

そして、六次産業化。たとえば、イチゴジャムを例にすると、イチゴを生産する一次産業、ジャムに加工する二次産業、できた製品を販売流通させるのが第三次産業、これらの一次二次三次を足し算（掛け算）したのが六次です。生産、加工、販売をうまく組み合わせて付加価値をつけて売ることを六次産業化と呼んでいるわけですが、オリーブでも同様のことができるのではと思いました。ところが日本の六次産業化はうまくいってる事例がほとんどありません。「売れない」からです。よいものを作っても売るチカラがなければ成り立たないのです。そこで、このいちばんむずかしい「売る」ところをまずは全力で整えなければと、「売る店を作る」ところからスタートしました。

岡井　オリーブの事業化を考える人たちがいっぱいいて、夢見るユメオちゃん、ユメコちゃんみたいなことをいっている人たちが多い中で、やす子さんのいってることはわかりやすくて現実的だった。

西村　岡井先生にはすぐに理解してもらえたけれど、実際には、どんなに説明しても、誰にもわかってもらえない状態が長く続きました。世の中の人は、自分で見たり、経験したものでないと想像できないし、まして形になっていない「構想」を援助したり協力しようとは思わない。そこで、その時点での外部協力はあきらめて、事業の可能性を3年くらいかけて、世の中に見せていくことにしました。

まずいちばん最初、２０１４年の6月に静岡駅近くの一等地にオリーブ専門店をオープン。「売る」という出口の部分からのスタートです。自分でリスクをとって、ひとつひとつ形にして、可能性を見せていこう、と。店には海外から輸入した上質のオリーブオイルを置いて、「本物のオリーブオイルって、こんなにおいしいんですよ」と、静岡の人たちに伝えるところから始めたわけです。私自身が最初に、本物のオリーブオイルの味を知ったときの衝撃を、みんなに共有してもらう。そうしてお客さんを増やしながらマーケットを創っていきました。「3年たったら、静岡産のオリーブオイルができますからね」と、予約を取りながら、地元の農家さんや水産加工会社とコラボして、静岡産えだまめとしいたけの

上／オリーブオイル専門店のオイル漬け静岡産えだまめ。
下／オリーブオイル専門店のオイル漬け 静岡産しいたけ。

＊青木秀之さん／クレアファーム取締役。オリーブの生産を担当。国内外から招いたオリーブ栽培のプロフェッショナルの指導のもと、静岡の気候にあう独自の栽培方法を確立。苗木を植えて3年目で、みごと1ヘクタール当たり2トンの収穫量を達成。元銀行マンのキャリアとミカン農家としての長年にわたる経験がオリーブ栽培を成功に導く。

オイル漬けとか洋風酒盗とか、上質の輸入オリーブオイルを使って商品開発を先行させました。

まずオリーブの木を植えて、それから実を収穫できるようになるのを待って、そこでやっと「売る」ことを考える、という順番では間に合わないと思ったからです。

3年目のオリーブ農園で抜群の収穫量

西村　オリーブ園の用地も、なかなか見つからなくて、とても苦労しました。あなたは農家じゃないでしょ、遊び半分でやられても困るよ、ということで最初は誰も相手にしてくれません。役所の窓口などに相談に行ってもまともに取り合ってもらえない。確かにあたりまえですよね、農業研修とかも受けていないし（笑）。農地探しを始めて半年たってしまい、途方にくれていた頃、富士山が見える畑でオリーブ栽培ができたらいいなあと思って、耕作する権利を持っている農家さんを探し始めました。そして出会ったのが、青木秀之さん（＊）。初めて会った日のことはよく憶えています。『オリーブ栽培のことはよく知らないけど、チャレンジする価値はあるね。いっしょにこの街を元気にしよう』とあの笑顔で握手をしてくれました。青木さんは、生まれ育った清水という街を農業を通じておもしろく活性化したいと、ミカン農業の傍ら、すでにいろいろな地域活動をされていました。

この人なら、理念と目標を共有していけると直感。最高の仲間を見つけた瞬間でした。以来、二人三脚で心をひとつに励ましあいながら頑張ってきました。ほんとうに頼れる親分であり人生の師匠。青木さんがいてくれなかったら、私もここまでできなかったと思う。

岡井　なんというか、最初からすいぶん思い切ったスタートだったんだねえ。

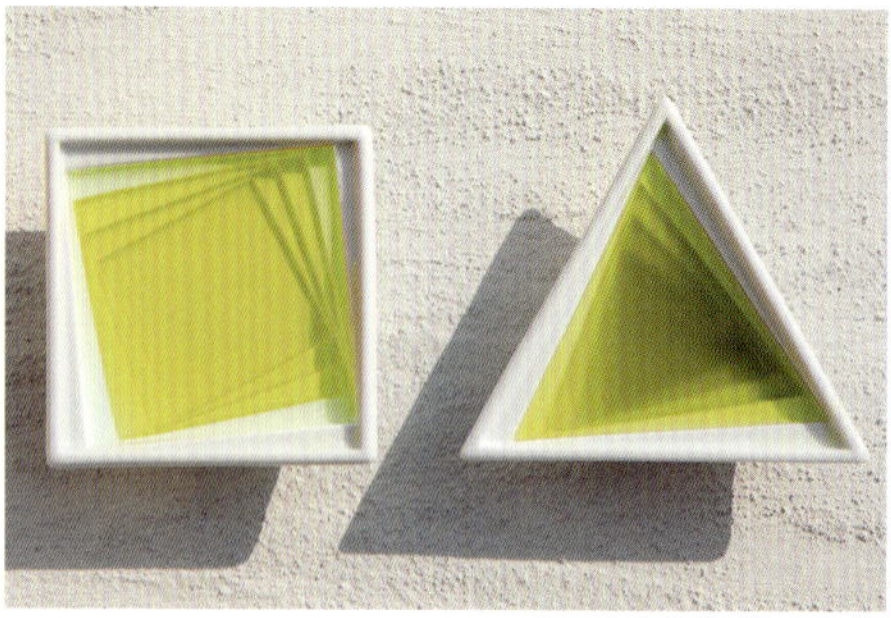

青々しい香りと辛みと苦みの絶妙なバランスは、世界のオリーブオイルコンクールでも入賞した実力派オイル。富士山が見えるオリーブ園で栽培搾油ボトリングされた100%静岡産エキストラバージンオリーブオイルを、お料理の仕上げに一回しするだけで、味を格段にアップしてくれる。

西村　お店や畑が地元メディアで取材されるようになって、私たちの取組みが多くの人に知られ始めたのは、ちょうど地方創生とか地域活性とか、農業改革、起業支援、女性活躍などが国の政策キーワードだった時。これらのワードすべてに当てはまった私たちの事業が時流に乗っていたことは幸運でした。何事もタイミングじゃないですか。どんなによい事業であっても、タイミングを間違えていたら世に出ないです。自分でも整理できなくなるほど多くのことを同時進行で、しかも猛スピードで進めていましたが、「流れに乗っている」という感覚はありました。この地域の未来に、私たちの事業が必要だと皆が判断してくれれば、自然に支援者は集まると信じていました。そして、2015年7月、地元有力企業数社から出資を受け、株式会社クレアファームを設立しました。

岡井　資本金が振り込まれた通帳を見て、震えたっていってたね。

西村　人生で初めて震えました(笑)。そもそも素人が計画した農業に、企業が出資するなんて、普通はありえないですよ。「単なる農業ではなく新たな産業作りに向けて、失敗を恐れずチャレンジすることが大事だ、いっしょにリスクを取る」という株主企業のメッセージだと思いました。通帳に並んだ企業名と金額を見て、あらためて責任の重さを痛感、もう後には戻れない、何があってもあきらめず最後まで絶対にやりきると決意しました。

岡井　地域で事業をやっていくには、地域の人たちの応援が必要だものね。

西村　プロジェクトが立ち上がって、多くの人々を巻き込んだものの、苦労の連続でした。価値観とか常識って、人によって全然違うじゃないですか。異なった価値観の人たちをまとめあげていくのは、自分の未熟さゆえに至難の連続。オリーブを事業化すること以上に、常識や価値観が違う人々をまとめて、組織を作っていくことのほうが遥かにたいへんでした。人それぞれに考えがあって、正解も間違いもな

収穫後、時間を置くと生実は時間経過とともに劣化する。味の変質を防ぐためにクレアファームでは収穫後、すぐに搾油するので鮮度抜群。

白っぽく乾いた土の色は、まさに
オリーブが好む土の色。

い、さまざまな人の考え方を受け入れながら最良と思う選択を続けていくしかなかったのです。そういう意味では、オリーブを育てようとした私が、逆にオリーブに育てられていたのかもしれません。

そうして、青木さんを生産事業の総責任者として、国内外から著名な専門家を招致して始まった農園事業ですが、初収穫となった2017年は、1ヘクタールあたり2トン、国産オリーブの平均値を遥かに上回りました。また品質という面でも、複数の国際コンクールで入賞することができました。これは大きな自信になりました。

いま、クレアファームのオリーブオイルは、有名なレストランで使っていただいたり、朝搾りオリーブオイルを都内のデパートで販売したりと、販路も広がっています。

藤枝や沼津からもラブコール

西村　試行錯誤しながらさまざまなチャレンジをしているうちに、近隣の市町からも注目をいただくようになりました。藤枝仮宿エリアでは、食と農のアンテナエリア構想にお声掛けいただき、弊社と地権者と藤枝市の3者で『仮宿藤枝まちづくり協議会』を設立。食や農業体験を楽しめるテーマパークをめざしています。ここでは周辺の市町の農産物を使ったレストランやマルシェ、茶サロンなど、地元の人たちの雇用を作りながら新たな価値作りをしていきたいと考えています。

また農家さんの経営サポートも手掛けるようになり、沼津では新たに農家グループを法人化し、連携をしています。オリーブだけではなくお茶やお米、多種多様な野菜を生産している志高い農家グループの新しい経営モデルをいっしょに作っています。長泉町では障がい者自立支援事業者さんと

ともにオリーブ栽培による農福連携にも取り組んでいます。

こうしてみると、オリーブがいろいろなご縁をつないでくれて、オリーブ＋αの地方創生事業が各地で立ち上がっています。オリーブ栽培を通して、地方の農業の課題と可能性が明確に見えてきました。農家さんたちの所得を上げていく仕組み、新たな担い手を作る仕組み、眠っている地域の食資源をブランディングして高付加価値化する仕組み等々。地域のさまざまなプレーヤーが共同協創すれば、地域全体で新しい価値を生み出すことができる。いま、そう確信しています。これはオリーブに関わらなければ絶対に気づかなかった視点です。

「富士山に見られているから、ちゃんとしなくてはと思います」

岡井　イスラエルから戻って、「漬け物の作り方教えるね」って、クレアファームに来てみたら、その日がオリーブの実の初収穫の打ち上げの日だったの。「ごいっしょに」っていわれて宴会に参加させてもらったんだけど、ここで働いているおばちゃんたちが「この年になって、これだけの成功体験をさせてもらって、すごくうれしい」って、泣いてた。私も、もらい泣きしちゃった。
西村　いえ、先生が先に泣いてた(笑)。
岡井　えっ、そうだった？（笑）
西村　岡井先生も同じだと思うんですけど、人って自分の利益のためだけにはなかなか動けない、人を動かす力は利他心、自分以外の誰かのために頑張ってみよう、のほうが圧倒的に大きいですよね。私の場合も、最初は自分の小さな夢でしたが、仲間ができて、サポーターが増えてくると、目標が世の

たわわに実をつけたオリーブの木が多く、あっというまに籠がいっぱいになる。

ため人のため、とかに変わっていく。偽善ではなくほんとうに心からそう思えたからこそ、思わぬ力が湧いたのだと思います。変化の速い時代の中でいろいろなビジネスモデルが生まれますが、ひとり勝ちしている人って、長続きしていませんよね。大きな利益をひとりで得るのではなく、みんなで少しずつ利益を得る仕組みを、みんなで創った方が長続きするんですよ。これまではどの業種も価格とサービスで競争して業界内でシェアを奪いあう市場。これは崩壊するんです。いまは価値を共に創る時代であって奪い合う時代じゃない。

岡井　奪い合うと、大きさの決まった市場は、すぐに食い尽くされる。みんなでじわじわ育てていくほうが、マーケットも広がるよね

西村　そうなんです。いままでなかったマーケットを創り出せばいいですよね。

クレアファームの畑は、正面に富士山があります。クレアファームの作業小屋の窓からは富士山がよく見えるのですが、私は、ここにいると、その窓から富士山に見られているなと思うんです。富士山に見られてるから、ちゃんとしなきゃと思います。自分の利益とか、自分の会社のことだけを考えてしまってはダメ。自分のことばかり考えたら事業は成長しません。

岡井　自分だけ楽しいというのは、じつはそんなに楽しくはないのかもしれない。

西村　何よりも、まず自分が人としてちゃんとしなきゃと思うんですよ。人として、正しい考え方をしないといけないと、いつも思います。

岡井　では、最後に質問です。やす子さんにとって、オリーブとは?

西村　人生の転機ってあるじゃないですか。私は、オリーブに会うまでは、こんなふうに世のため、人のために新しいチャレンジをしようなんて考えたこともなくて。20代で司法書士の事務所を開い

て、経済的にも安定し、あのまま司法書士だけをずっと続けていたら、もっとラクな人生が自分にはあったと思うんです。ところがこれまで貯めてきた貯金も全部事業に投入して、リスクを取りすぎるくらい取ってしまったわけですが、以前よりも自分が生きている意味、生かされている意味がわかったような気がするのです。

この3年ほどは、自分でも普通じゃないと思うほど、熱に浮かされたように頑張ってきました。何ひとつ確証がなかったのに「絶対できる」と信じて。たぶんオリーブ以外の農産物だと、こんなパワーは出なかったと思います。とすると、これはオリーブの力なのかな?

人は生まれてから死ぬまでの長い旅路の中で、自分が生まれてきた意味、自分の役目を探し続けるっていうじゃないですか。私はそれを、オリーブに気づかせてもらったんですね。オリーブは、私に人生のミッションを教えてくれたんだと思います。

西村やす子さんの農業ビジネスを成功させる3つのポイント

1、製品を「売る」という、六次産業化の「出口」から考え、そこからスタートする。

2、小さなマーケットを奪い合う競争から離れて、新しいマーケットを創り、育てる。

3、「ひとり勝ち」をめざさずに、新しい価値をみんなで創り上げ、少しずつ利益を分け合う。

西村やす子さんと、公私に渡ってやす子さんをサポートするご主人の奥村龍哉専務取締役。会社員時代の豊富な海外ビジネス経験を活かし、世界レベルのオリーブオイルの品質をめざす。

【協力】
株式会社CREA FARM
クレアファーム
〒420-0853
静岡市葵区追手町1-13
アゴラ静岡ビル６F
TEL.054-266-6853
http://www.creafarm.jp/

CREA TABLE クレアテーブル
オリーブオイル専門店
〒420-0852
静岡市葵区紺屋町11-1
ガーデンスクエア１F
TEL.054-251-2277
https://creafarm.shop-pro.jp/

【写真】
田中雅也　p128-131、p133、p137、p139、p141、p143-147、p149、p152
岡井路子　p134-135

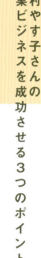

オリーブがたくさん実をつける育て方

オリーブの原産地の土は栄養分が乏しく、
気候も乾燥しています。
簡単には根を伸ばしにくい環境なんですよ。
だから、細かい根を張らすには、
栄養分の少ない土で
ゆっくり育ててあげるのがいいんでしょうね。
オリーブって、千年も生きる木ですから、
あわてないことです。

萩原 裕

パワジオ倶楽部・前橋

はぎわら　ひろし
1941年、神奈川県横須賀市に生まれる。株式会社サンワ（群馬県前橋市）を定年退職後、同社のオリーブ専門店「パワジオ倶楽部・前橋」に勤務。

研究と実践によって裏付けされた日本の気候風土に合うオリーブの栽培管理のノウハウをもち、オリーブの専属スタッフとして活躍中。

丁寧で親切な指導が人気を集め、「オリーブ職人・萩さん」として親しまれる。

遠方からも、講習会に参加するファンが多い。

萩原裕さんと私

20年近く前に、パワジオ倶楽部・前橋で出会い、『まるごとわかるオリーブの本』を紹介したところ、萩原さんはこの本を何十回も、繰り返し読んでくれたそうです。この本でオリーブ栽培のおもしろさにハマったと萩原さんはいいます。

「百年オリーブ」の大きな鉢植え

萩原　『パワジオ倶楽部・前橋』のシンボルツリーです。この「百年オリーブ」は重さが500キロあるんですよ。だからリフトで上げないと動かせない。ここに置くのも、リフトを借りて車から降ろしました。岡井先生の紹介で「百年オリーブ」を、横浜植木(＊)から購入して、うちでは、まず土を替えたんですよ。届いたときは黒土に植わっていましたが、そのままだと真ん中の根が腐っちゃうから、リフトで上げて土を全部落として、うちの土で植え替えた。大事なシンボルツリーだから枯らすわけにはいかないし、地植えにするか鉢植えにするかずいぶん悩みましたが、大きな鉢植えにしました。すると細かい白い根がたくさん出てきて、いっぱい張っています。もうこれだけ細かい根が張れば、植え替えをしなくても、この木は永遠にここに住むことができます。ここで永住できる。

岡井　今年も、実をこんなにいっぱいつけて、おみごと！

萩原　大きな盆栽ですよ。

岡井　オリーブを鉢で育てていて、そのオリーブがたくさんの実をつけると、やっぱりうれしいよね。オリーブの鉢植えをここまで極めた萩原さんに、今日はいろいろ教えてもらおうと思って。萩原さんが本社を定年退職されて、パワジオ倶楽部に来てからのお付き合いだよね。

萩原　はい、今年で17年になりますね。最初の火付け役は岡井先生。大判のオリーブの本(＊)を見せてくれて、「萩さん、こういうの出たよ」っていうから、「すぐ買います」と。岡井先生のオリーブの本を何十回も読んで、オリーブっておもしろいなって思ったんですよね。それが始まりです。

＊横浜植木 / 明治23年創業の種苗会社。宮沢賢治もここに球根等を注文していた。

百年オリーブの品種は
オヒブランカ。毎年、た
わわに実をつけている。

＊(前ページ)オリーブの本/『育てる・食べる・楽しむ まるごとわかるオリーブの本』。岡井路子を中心とする「LLP オリーブの本をつくる会」によって2006年に制作。一般読者に向けて刊行された日本初のオリーブの本。オリーブ人気を牽引した実用書として、高く評価されている。

岡井　そのとき、萩さんとオリーブとの付き合いが始まったんだ。
萩原　まだ日本ではオリーブが一般的には知られていなかった頃のことです。
岡井　その頃からずっと、10数年間、オリーブの鉢植えに取り組んできた萩原さんにとって、オリーブって何だろう？
萩原　いまとなれば「生きがい」ですね。仲間というか、いっしょに生きていく、なくてはならない存在でしょうね。自宅にもオリーブがいっぱいあって、ここでもオリーブを見て、毎日オリーブを見ない日はないですね。「オリーブを極めた」とは、とてもいえないけど、鉢植えに関してはいまも少しずつ自分の栽培方法を進化させていっています。だから、お客様にオリーブの鉢植えを楽しんでもらえるように、お手伝いはできるかな、と。

いま、大人気の「鉢植えのオリーブ」

岡井　萩さんは、オリーブを始める前に盆栽をやっていたから、木を鉢で育てることの基本はわかっていたんだよね。
萩原　植物のクセはちょっとはわかっていましたけれど、最初は苦労したんですよ。オリーブを鉢植えにしてみても枯らすし、3年くらいはどうしたらいいのかなって。そんなとき岡井先生の本を見て、オリーブっていままでの感覚と全然違うなと思ったんです。というのも、日本じゃなくて外国のものじゃないですか。ヨーロッパの乾燥した気候のもとで生育している木をそのまま持ってきて、日本の木と同じ管理をしても、ダメだなと思いました。スペイン在住の、うちのコー

ハーディーズマンモス

ディネーターの小野塚千穂さんに頼んで、向こうの土壌のpHを調べてもらったところ、ややアルカリ性に傾いた7〜7・5くらい、ということです。いっぽう日本では弱酸性の土壌が多いので、日本の普通の土では合わないと思ったのです。土壌を全部変えるわけにはいかないけれど、鉢植えだったらなんとかなると思い、バックヤードで試行錯誤して、何と何をどう混ぜたらいいか、5年くらいかけて少しずつ土を進化させましたね。

紹介してもらって四国からオリーブの苗を取り寄せて、同じ品種を、配合の違う土に植えてみたんですよ。同じ品種の前年度の生育状態と比べて、伸び方とか根の張りとか全部チェックしたんです。

そうして3年たってみたら、実をつけているのと、伸びっ放しのとが出てきたんですよ。そうか、オリーブってこういう強さがあるんだなって。原産地と異なる環境でも、ある程度、適応して実をつける強さがある。地植えのことはむずかしくてわからないけど、鉢植えはおもしろいと思い、それから鉢植えに特化してやってみることにしたんですね。

岡井　オリーブは、鉢植えのニーズも大きいもんね。

萩原　そうですね。大きい鉢もいいけど、最近は小さい鉢も、女性に人気があるんですよね。

岡井　みんな、オリーブを地植えするだけのスペースはなかなか、ないもんね。

萩原　最近はオリーブの盆栽の講習会もやっているんです。エルグレコとコロネイキとシプレシーノと3種類だけ。2年目くらいのちっちゃい苗と鉢を用意して、植え方を教えながらやっています。その会では、前に植えた人には、その鉢を持ってきてくださいってお伝えしています。鉢をちょっと大きくすれば実もたくさんなりますしね。大きな木にしなくても、直径25センチぐらぐらいの鉢で育てればじゅうぶん実がなります。鉢植えのオリーブで漬け物を少し作ってみるくらいの実の量を収穫できるとなると、けっこう盛り上がってきます。講習会では品種ごとの漬け物を作って、味見してもらいます。品種によって味やコクが違うんですよ。毎年、来られる方もいるんですよ。

岡井　萩さんブレンドの鉢植え用の土も売ってるから便利。

萩原　鉢植えはぜひ試してもらえるといいですよね。地植えは、土も日照条件も、それぞれ違うからお客様にアドバイスするのがむずかしい場合がありますが、鉢植えは、いままでいろいろ試してみたし、いろんなデータをもらったりもしているから、だいたいわかります。

岡井　小さめの鉢で、実をならせるコツは？

萩原　受粉のために、品種は何種類かあったほうがいいですね。でも、うちは東京のお客様が多いんですよ。マンションにお住まいで、小さいオリーブの鉢植えを持っていらっしゃるお客様。都心の住宅の限られたスペースでは、同じ時期に花を咲かせるオリーブの鉢を、いくつもは育てられませんよね。そこで、うちでは受粉まつりというのを5月から6月の間やるんですね。オリーブの花芽がいっぱいついた頃、お客様がオリーブの鉢を持っていらしてここに置いて行かれます。お預かりしている間にお客様のオリーブが受粉すると、実がなるものを持ち帰っていただける。

岡井　日本中でそんなサービスをやっているのは、ここだけだもんね。

萩原　この受粉まつりがあれば、お客様には、毎年、実のついたオリーブを楽しんでいただけます。このイベントはもう7、8年やってるのかな。あまり大きい鉢だと動かせないから、移動させやすい小さめの鉢がいいです。オリーブの鉢が手元にあるとけっこう愛着が生まれます。大きく

オリーブオイルの3リットル缶の長方形の底の中央に1列、釘で４～５個ほど穴をあけて、「鉢」として活用。耐用年数は3～5年。（コンテナ制作/岡井路子）

萩原さんのベストのポケットに飾ったオリーブの実。

なりすぎないように、芽を摘みながら育てるのをおすすめしています。
　鉢の大きさはそこそこでよくて、直径が20センチもあればいいですね。鉢植えでオリーブを育てる場合、しょっちゅう鉢増し（＊）をしないといけないと思っている人が多くて、根詰まりを心配して、みんなどんどん鉢を大きくする。それで肥料をいっぱいあげちゃうと、木は伸びるほうに力が入って、実がならなくなっちゃうんですよね。これは岡井先生が置いて行った鉢ですが、植え替えなしで8年たつんですよ。こんなに元気に実をつけている。品種はピクアルです。実を収穫したら、メープルシロップ漬け（＊）にするといいですね。

岡井　私が置いて行った鉢？　樹形がかっこいい！

萩原　これは、永久に非売品です（笑）。

岡井　オリーブの鉢植えは、かっこよく、というのをずっといい続けてるの。「かっこいい」を求めてくださいって。人をひきつけるオリーブの木のかっこよさを、鉢植えで見たいよね。

鉢植えのオリーブの「土」は？

岡井　萩原さんが鉢植えに使う土は？

萩原　うちの場合はpH7くらいの川砂をベースにした栄養分の少ない土を使っています。挿し木して作った小さな苗を、栄養分に富んだいい土に植えちゃうと、オリーブは太い根を張らしちゃうんです。だから肥料は最初のうちはほとんど入れていない。そうすると細い根をいっぱい張らすんですね。

＊鉢増し／植物の鉢栽培で、鉢のサイズを、現状の鉢よりも大きいものに植え替えること。

＊メープルシロップ漬け／岡井路子考案のオリーブの実の食べ方のひとつ。黒く完熟したオリーブの実に楊子で数カ所穴をあけ、空気に触れないようにひたひたのメープルシロップに漬けて密閉し、冷暗所で保存。数カ月置くと、ほろ苦さが絶妙のシロップ漬けに。

『パワジオ倶楽部・前橋』のシンボルツリー。樹齢百年の風格を見せてくれるオリーブの木。

鉢植えのピクアル(制作/岡井路子)。植え替えせずに8年が過ぎても、ほら、この通り!

岡井　オリーブを鉢に植えるときは、栄養分の多い土を使わない。

萩原　オリーブは太い根を張っちゃったら、細い根を張らさない。そして木はどんどん伸びていってしまいます。オリーブの木が細かい根をいっぱい張るようにすれば、盆栽として小さい鉢に植えようが、大きい鉢に植えようがいいんですよ。まず細かい根を張らせるようにするのが肝心です。

とにかくオリーブは人間より長生きする木だから、あわてないで。オリーブを植えると、早く大きくしたい、早く実をつけたいという気持ちにどうしてもなりがちだけれど、それで肥料や水をジャンジャンやってしまうと、オリーブ本来の生育環境とはかけ離れてしまい、結局、寿命が短くなっちゃうから。

岡井　あわてないでゆっくり育てる、ということだね。

萩原　だから初めてのお客様には、盆栽のオリーブをお見せするのがいちばん早いと思っています。盆栽を見ると、なんでこんなに小さな鉢で生きていられるのかって、皆さんびっくりされます。そうすると、次は根や土の話になってくるので、オリーブの鉢植えに適した土についてお話しします。

うちの土は、川砂を使っているのですが、砂のいいところは通気性がいいことと、けっこう保水性がいいこと。そして、オリーブの根はわりと浅根でふわふわしているので、川砂だと土壌がピシッと締まるのがいいのです。川砂をベースに、牡蠣殻石灰とか、腐葉土、赤玉など、いろいろブレンドして7種類くらい入ってる。酸性にならないように、中性からアルカリ性に傾く素材を選びます。微妙な比率は厳密にいうと、成長した木と小さい苗木とでは違うし、根を張らしたいときの

バルネア

マンザニロ

パワジオ倶楽部・前橋のスタッフのみなさん。左から大野木育美さん、茂木由実さん、萩原裕さん、川口幸子さん。

配合など微妙に違いがあるんですけれどね。そのへんはまだちょっとずつ進化中だし、企業秘密ですね(笑)。

岡井　肥料は?

萩原　有機肥料でチッ素・リン酸・カリが5・5・5くらいの配合のものを、鉢の大きさを見て、あげすぎない程度に少量与えます。25センチ程度の小さな鉢なら、3カ月に1回くらい、ちょこっとやるくらいです。液肥とか活力剤みたいなものをあげると、木は徒長しやすいし、元気になりすぎると、実がなりづらいんですよ。これは不思議なんだけれど、弱々しい枝のほうに、意外と実がなったりすることがあります。そうでなくても、肥料が多くて栄養が強すぎると、花芽が枝に変わってしまうことがあります。元気がありすぎて、枝になっちゃうんです。

鉢の大きさも、根の生育に合わせて、最初は小さい鉢に植えます。小さい鉢に植えると、根が育って鉢に触ったとき、根が増えてくるんです。だから、盆栽の場合は、ここで挿し木をして作った小さな苗を、うちの土で小さな鉢に植えます。そうしておくと細かい根がいっぱい張りますから、どんな植え方しても大丈夫なんです。

よそから仕入れたもう少し大きな苗は、根を水で洗って、栄養分のある土を全部とってしまいます。太い根ではなく、細かい根をたくさん出させたいからです。いちばん気をつけておきたいのは、太い根がいっぱいあっても、だいたい古くなると通気性が悪くて、真ん中の根が腐ってしまうことです。そうならないように、うちでは最初から、空気が根の全体に行き渡るように、細かい根をまんまるに張らせるように植えています。

オリーブが毎年、たわわに実をつけるように芽摘みをして枝数を増やす

萩原　オリーブが毎年たわわに実をつけるようにするには、枝数を増やすことです。オリーブは、今年伸びた新梢に、翌年、実をつけます。そこで、枝数が少ない状態で今年伸びた枝を全部剪定してしまうと、翌年は実をつける枝がなくなり、実をつけるのが1年おきになったり、3年に1回とかになってしまいます。だから、枝数をどんどん増やしておいて、翌年に実をつける枝を切らずに残しておけるようにします。

で、枝数を増やすために、芽摘みをします。ひとつ芽を摘むと、そこからふたつ枝が出る。そこでまた摘むと、またふたつ出る。そうやって、2本ずつ上がっていく。その繰り返しです。小さな鉢植えのオリーブを手元に置いて育てると、「新しく芽が出たな」とか、「ここに芽があるな」とか、見つけやすいんです。鉢植えの基本みたいなもので、小さいやつを育てていくと、大きいものもラクに育てられるようになります。

大きな鉢植えといえば、うちの「百年オリーブ」も、最初はほとんど太い枝だけで、細い枝はなかったのです。そこから芽を摘んで、最初のうちは、年に5、6回、今年は3回くらいと、だんだん芽摘みの回数は少なくなってきていますけれど、樹形を見ながら、一生懸命、芽を摘んで、枝作りをしました。

オリーブの花。

オリーブは湿度が苦手

萩原　受粉して粟のようなちっちゃい実がいっぱいついているときに雨に降られると、その小さな実で地面が黄緑色におおわれるくらい落ちてしまうことがあります。逆に雨の少ないカラ梅雨の年には、オリーブは小さな実を落とさずに、枝がしなるくらい実をつけてくれます。

もともと乾いた気候の地中海沿岸地域原産のオリーブは、湿度を嫌います。ところが5月末～6月にかけてオリーブの花が咲く頃は、ちょうど日本では梅雨の季節に重なって、受粉の時期にジメジメした日が続きやすい。湿度が高く、蒸し暑い日が続くと、せっかくついた小さな実が軸のところから腐って、落ちてしまうんですね。台風でもやられるし。

岡井　原産国ではオリーブの花の時期が乾期だから、受粉に最適。逆に日本では受粉の時期が梅雨に重なってしまうからねえ。雨が降るとそもそも花粉が飛ばないから、受粉できないよね。雨が降るようだったら、鉢植えのオリーブは玄関や軒下に避難させよう。地植えのオリーブは移動できないけれど、鉢植えはどこにでも移せるのがよい点です。

鉢植えのオリーブの「水やり」は？

岡井　「水やり」って、簡単そうでじつはむずかしい。というか、奥が深いよね。萩さんは、オリーブの鉢植えの水やりは、どうしてる？

萩原　上からサーッと水やりするだけだと鉢の途中までは濡れるけど、下がガチガチに固まっちゃてると水がよけて行っちゃうんですよ。先の枝が枯れたり、茶色になると、そこに水が行ってないのがわかります。

なので水やりは、鉢ごと水に漬けちゃうのがいちばん簡単です。鉢の下から水を吸わせてあげる。底面灌水ですね。水やりの回数は、草花みたいに毎日毎日する必要はなく、冬は週に1、2回、夏は乾きやすいので、ちょっと回数が多くなって週に2、3回くらいかな。水に漬けておく時間は、5分かそこらですね。鉢の大きさや品種にもよるから、この鉢は水引きが悪いなとか、乾いてるやつは余計にあげるとか、乾き具合をよく見ることがたいせつです。鉢の表面に、水をちょっとあげる、というのがいちばんよくないね。すぐに蒸発しちゃって、根まで届かないことも多いので。

岡井　土の乾き具合を見るときに、実がついていれば、実の状態を見るというのもひとつの判断基準になるよね。実の表面にシワが寄っていれば、水が足りないサイン。たっぷり水をやれば、半日もするとシワが消えて実はもとどおりになるけれど、そのまま水が足りない状態が続くと、実を落としてしまう。実の様子を見ながら、だいたいその鉢が必要とする水の量がどれくらいなのか、どれくらいの間隔で水やりが必要なのかをつかんでおくと、水の管理をしやすいよね。

萩原　水やりもそうですが、ただ水をくれるんじゃなくて、オリーブが、いま何をしてほしがっているのか？　よく見てあげることが大事です。植物って、黙っているけれど、ちゃんと手入れしてあげればちゃんとそれに応えてくれる。ふだんからよく観察して、今年はちょっと栄養が足りなかったかなとか、ちょっと水が少なかったかなとか、結果を見ながら翌年の栽培に反映させれば、必ず、もっとよくなっていきます。オリーブは見ててあげないとね。そうしてオリーブを見守りながら、いっしょに過ごしていると、1年が早いこと。あっというまです。

岡井　仲のよかった奥様を急に亡くされたときは、萩さんが店に出られなくなって、日本中の萩さんファンから萩さんコール。

萩原　ちょうど3年前です。

岡井　センスがよくて、笑顔のきれいな、素敵な奥様だったものね。

萩原　話し相手がいないのは、けっこうね。でも、オリーブで立ち直れたのはありましたね。それは、うんとありますね。

岡井　年を重ねると、どんどん時間のスピードが早くなっていくよね。

萩原　確かに、年を取るのがわからなくなるくらい、オリーブはおもしろいです。いま？　77歳です。退屈する暇もないですね。オリーブを見ているとね。

パワジオ倶楽部・前橋　萩原裕さんの
たくさん実をつけるオリーブの鉢植えの管理
5つのポイント

1、オリーブの苗木を鉢に植え込むとき、栄養分を入れない川砂ベースの土に植えて、細かい根をたくさん出させる。

2、水はけと水もちのよい川砂ブレンドの土に植えて、土が乾いたらしっかり水をやる。

3、オリーブの鉢は直射日光の当たる場所に置く。

4、芽摘みをして枝数を増やす。

5、オリーブは湿度が苦手。受粉の時期と梅雨が重なるときは、雨に当たらないように工夫する。

【協力】
(株)サンワ パワジオ倶楽部・前橋
衣・食・住に関わる「豊かな生活」をテーマとしたセレクトショップ。オリーブの苗木、輸入雑貨、こだわりのオリーブオイル等を販売。各種イベント、講習会も充実。

〒371-0836
群馬県前橋市江田町277
TEL.027-254-3388
http//www.powerdio.co

【写真】
田中雅也　p154-157、p159-161、p163、p166、p170
岡井路子　p167

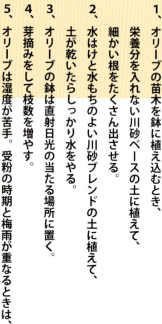

オリーブの「生命力」を感じるとまた頑張れる

練習中に、ふと窓の外に目をやると、
風に揺れているオリーブの枝が見えて、
ああ、あの木もあそこで頑張っている、
と励みになるんです。

藤原 真理

チェリスト

ふじわら　まり
1949年、大阪府和泉市に生まれる。1959年、桐朋学園子供のための音楽教室に入り、
齊藤秀雄氏に師事する。1971年、第40回日本音楽コンクールで大賞とチェロ部門第1位を獲得。
ピエール・フルニエ、ムスティスラフ・ロストロポーヴィチに師事し、
1978年、第6回チャイコフスキー国際コンクールで第2位を獲得。
久石譲作品への参加、坂本龍一との共演等、
クラシック音楽にとどまらず幅広い活躍が注目を集める。

藤原真理さんと私

恵比寿の美容室クレームヴォランのオーナー、冨田泰三さんが、美容室のお客様、「オリーブの好きな藤原真理さん」と私（岡井）を引き合わせてくれました。

「オリーブの生命力を感じると、また頑張れる」

藤原　チェリストの日常？ ひとことでいえば忍耐です（笑）。次の演奏会に向けて、できるだけいいコンディションを保って、いい状態で練習をすることがいちばん大事。練習にもいろんな段階があって、最初は、ほんとに単純作業みたいな反復作業です。で、次の段階にいくのに、ものすごく忍耐力がいるのです。忍の一字で、反復をやって、やっと階段を一歩のぼって、また反復練習。忍耐しかないんで、楽しくはないですよね。でも、それをやらなければ、上の段階にいけないとわかっているので。

そんなときにふと窓の外に目をやると、風に揺れているオリーブの枝が見えて、ああ、あの木もあそこで頑張っている、と励みになるんです。普段練習していて、めげそうになると外を見て、なんだか変な「こじつけ」みたいだけれど、オリーブの木って、生命力があるじゃないですか。どんなに切っても、枝が伸びていく。何年かに1回は強剪定をするんですね。丸裸みたいに枝葉を切って、それをした後の枝が伸びていくたくましさ。一生懸命、どんなふうに刈られても必ず芽を出してくるその生命力を感じると、また頑張れる。それくらい、練習っていうのはたいへんです。

岡井　オリーブの木が藤原真理をサポートしている？

藤原　そうね、オリーブの木には、相当、支えてもらっている（笑）。プロの演奏家で40、50代から実力が落ちてくる人がすごく多いの。家族を養おうと思うと、ソロ活動だけじゃ、日本じゃ成り立たないから、そうすると学校で教えて、オーケストラでも弾く。で、自分の演奏力を落とさないでおこうと思えば、必要なのはやっぱり練習。その練習をよりよい状態でするためには、日常の自分

新芽を吹いたオリーブの木に生命力を感じる。

演奏会に向けて練習を重ねる。

細かな書き込みがびっしり入った譜面。

の身体のもっていき方を、自分で自分をコントロールして、律していかないと成り立たないのね。

岡井　だからタンパク質なんだ。

藤原　そう、1日にタンパク質を90グラム。栄養成分表を買って、体重1キロにつき、実質タンパク質が何グラム必要かを計算するんですね。

岡井　肉の量がそのままタンパク質の量というわけではないから、牛肉100グラムだったら、含まれているタンパク質は20グラムぐらい、とか？　90グラムのタンパク質を摂ろうと思ったら、かなりの量を食べないと。

藤原　国際コンクールを受けにいくなんてときは、1年前から準備を始めるんです。ところが、向こうの人たちって食べていなくても寝ていなくても弾けるんですよ。基礎体力のあり方が全然違う。狩猟民族だからね。といったって日本の戦国時代の武将だって体力はあったのでしょうけれど、だけどそのあり方が違うんだと思う。

岡井　オリーブの収穫に、いっしょに小豆島に行ったときに、真理さんがセルフのうどん屋で「から揚げを食べとかなきゃ」って。食べられるの？って聞いたら、「これは食べとかなきゃいけないものなので」って（笑）。ああ、そうなんだ、と思った。

藤原　だけど、お肉だけでタンパク質を一日に90グラム摂るのは不可能だから、大豆とか、しらす干しとかも併せて90グラムをめざします。しかも、朝食べたタンパク質って吸収率がいい。効率がいいから、朝昼はちょっとずつでもいいからタンパク質を摂ります。夜もお魚とか消化のいいタンパク質、それから大豆の水煮缶とか、木の実はアーモンド。オメガ3系の、オリーブオイルもそうだしヘンプオイルや亜麻仁油とエゴマ油、それらを順番に摂っています。そうそう、オリーブ

オイルは果物にかけてもいいし。緑の果実を搾ったオリーブオイルは、ちょっとピリッとするから、お魚のカルパッチョにもいいし。
岡井　チェロを弾くのに、筋力が大事なんだよね。
藤原　筋力と体力は、いくらあってもいいんですよ。だけど今年は減った。ちょっと休んでるうちに。今年の夏は暑かったから、朝、スイカを食べてようやく動けるって感じ。
岡井　真理さんは、筋トレもするの？
藤原　筋トレまでいかない。チェロを弾くためには使うところが決まっているから、そこに残っている凝りをゆるめるのに、かなりの時間がいるのね。ゆるめてから必要なところの補強をやらないと。筋肉は使わないと萎えて、しかも硬くなるの。だから年を取れば取るほど、厄介なんです。体力と筋力、反復練習が欠かせない。
　だけどね、練習をこれだけしてあるから絶対うまく弾ける、というものでもないんですよ。アスリート、フィギュアのジャンプなどと同じで、人間って不安になったらすぐ、それがパフォーマンスに響いてしまう。緊張するのはある程度あたりまえだし、全然緊張しないのもいいわけじゃない。だけど緊張しすぎてそれが変な方向に出るからいろいろ起こるわけでしょ。それをどういうふうにもっていくか？　山登りは滑落すると生命が危ない。同じように、演奏家も「滑落する」のが不安になるの。実際には命こそ落とさないけれど、演奏家にとっては、登山家の滑落の不安と同じことです。不安になってしまってはダメ。自分で不安を断ち切れないとダメ。それを切り替えるのに、メチャクチャ気力がいるんです。

ピアノの向こうに見える外の植栽スペースには2本のオリーブの木。

古い写真を見ながら、世界を舞台に活躍する音楽家としての真理さんの話に聞き入る。

真理さんの練習室兼リビングルーム。音響を考えて設計され
抜けの部屋。

日本コロムビアのディレクター、川口義晴氏撮影の写真がレコードのジャケットに。「室内楽の名手としての共演も多い3人の、気心の知れた仲間たちによる愉悦に満ちたトリプル・コンチェルトの名盤」（「CDジャーナル」データベースより抜粋）

岡井　チェロは子供の頃から？

藤原　5歳くらいから。2年保育の幼稚園に入園してすぐの頃から始めたのね。思えば、単に父の酔狂（笑）から始まったわけだけれど、なぜか一生やるもんだと。最初からそういうふうに思ってた。練習は楽しくはないけれど、普通にしていたら弾けないから、工夫せざるをえないんですよ。それと反復練習。それでちょっとずつ変わってくる過程が満足感を生む。ひとことでいえばそれですね。

演奏会については、このあいだの演奏会はこういうところがよかったけれど、こうすれば、もうちょっとよくなるというように、必ずフィードバックします。会場の響き方、音響のよしあしによっても、演奏への負担のかかり方が違ってくるから、今度行く会場は、支えになってくれる音響効果が抜群だから安心、とか、会場についてのイメージを作っていくわけね。だから初めて行く会場はちょっときついですね。まあ、行ってからリハーサルの時間があるからそれで見当はつくんですけど。

オリーブの木の下に寝転んで見上げる空は

岡井　真理さんと最初に小豆島に行ったとき、真理さんはチェロを抱えて来たよね。

藤原　岡山でコンサートがあって、そこから直接小豆島へ向かうのに、ほかの荷物は全部送ったけど、チェロだけは送れなかった。で、チェロを持ってフェリーに乗って小豆島へ。なんかあっ

ベートーヴェンの『ピアノ、ヴァイオリンとチェロのための三重協奏曲』の録音をやったあとで撮った写真。左からヴァイオリン、ジャン・ジャック・カントロフ。指揮、エマニュエル・クリヴィヌ。チェロ、藤原真理。ピアノ、ジャック・ルヴィエ。

ダンボール箱からつぎつぎに取り出された古い写真。

小豆島のオリーブ農家「川本さん」のオイルが、藤原真理さんのお気に入り。写真のオリーブオイルはjiyuujyu（自由樹）のエキストラバージンオリーブオイル。

たら、ケースは浮くと思うんですけれど（笑）、嵐でなければ。

いま、私が使っているチェロは、30歳になる直前に買ったものだから、もう40年くらいになるわね。イタリア、クレモナの名匠、ガルネリ作のチェロで、この程度、健康な状態で残っているものは、世界で数えるほどしかないのです。ガルネリはストラティヴァリと並ぶ弦楽器の製作者ですから、ガルネリのチェロとなると、世界的な文化遺産です。私が演奏活動を終えたあとこのチェロをどうするか？ 安心して託せるところを決めなければならないから、たいへん。楽器自体は3・34キロくらいで、ケースが3・9キロ。併せて7キロと少し。小豆島に持って行ったのも、このチェロね。

岡井　先に小豆島に行っていた私に、真理さんから「島に着いた」という連絡をもらって、オリーブ公園の下まで軽トラで迎えに行ったのね。すると、ちょうどバス停に着いたバスから、ジャージみたいな上下を来た人が楽器のケースを抱えて降りて来た。それが真理さん。

藤原　オリーブ公園の敷地内では、瀬戸内の海の見える坂を、チェロを抱えて軽トラの荷台に乗せてもらって上ったわね。このときが最初で、合わせて5回は、オリーブの収穫のお手伝いに小豆島に行っているかな。

岡井　最初の年には、真理さんはオリーブの木の下に敷いたネットの上に座って、剪定を兼ねて切り落とした実のついた大きな枝から、実を取って集める仕事をせっせとこなしていた。2年目には脚立の2段目くらいまで上がってオリーブの実を収穫、3年目くらいからは木によじのぼっていけるようになった（笑）。真理さんに木にのぼってもらっていいものかどうか、わからなかったけれど、真理さんは、用心深いから安心。危ない高さまではのぼらないから、いつも安心し

香川県小豆郡土庄町に植えられたスペインのオリーブの木。「千年オリーブ」と呼ばれている。（111ページ参照）

＊真代さん/浅井愼平さんの奥様。17ページにご登場。

て見ていられます。オリーブは光と風がよく当たる、空に近い枝についている実ほど、きれい。だから私は、ついつい上のほうまでのぼってしまうけれど（笑）。

藤原　なにしろ、小豆島は空気のいいところで自然の音しかしないところです。で、太陽が照っていたりしたら、もうハッピーを通り越しちゃうんですね。そういうところで昼寝をするとか、ボーッとするとか。最高です。それでまた、オリーブの収穫って、美しいじゃないですか。色づいた実が、つやつやして。手袋をはめたりもするんですけれど、手袋をしないで素手でオリーブの実を摘んでも荒れないのね。オリーブの油分が肌を保護してくれる。

岡井　普通の農作業は手が荒れるものね。

藤原　今年も、もうちょっと体力が戻っていたら行きたかったんだけれど、真代さん（＊）に今年はパスですよって、先にクギを刺された（笑）。さらに元気になれば来年行けるからね、って。

岡井　小豆島では、真理さんは、実の収穫というミッションをこなすことを楽しんでいるんだろうね。オリーブの収穫の手伝いに小豆島に行くメンバーは、基本、自由行動だから、収穫の合間に、紅葉がきれいな寒霞渓《かんかけい》に観光に行く人もいれば千年オリーブの木を見に行く人もいるんだけれど、真理さんはオリーブの実の収穫に専念しているよね。

藤原　専念してますね。

岡井　真理さんは、ノコギリを使った剪定も、じょうずです。

藤原　２月の寒いときに、埼玉にオリーブの剪定の手伝いに行って、丸裸に近いくらい、どこまで刈り込んでも大丈夫だっていうのがわかって、切りまくったオリーブの木が何十本もあります。そのときに使ってみたかったのがチェーンソー。チェーンソーの免許を取るには、講習を受け

小豆島オリーブ公園で収穫のお手伝い

収穫の合間に、体操のかわりにジャンプ！ 瀬戸内の穏やかな海が見える。

小豆島で、収穫のあいまにひと休み。
桜の葉がきれいに色づいて。

て、3日間かかるんですよ。でも、まだあきらめてない(笑)。

岡井　自分で自分の心と身体をきちんと管理できる。演奏家はアスリートと同じなんだろうね。自分の心と身体をベストな状態に保つことによって、ベストな音を届けられるように、いつも自己管理している。

風の中のオリーブ

藤原　今年の台風では、オリーブの木がたいへんでした。

小豆島オリーブ公園で収穫のお手伝い

ミッションの実。ミッションの実は、黄緑から黒まで、とてもきれいな色づき方をする。オイルも塩漬けもおいしい。

脚立に上ってオリーブの実を収穫。

選果作業を手伝う真理さん。

岡井　前に一度、すごい嵐のときに「ものすごくオリーブが揺れているけど、外で押さえていたほうがいいですか?」って、真理さんからメールが来たから、「こんな暴風の中、押さえなくてよろしい」と(笑)。この間の台風24号のときにはオリーブが倒れちゃって、真理さんからSOSの電話があった。

藤原　そうそう、一人だと、なんとか起こしても、また倒れちゃうし、どうしようってお電話したのね。

岡井　すごかったよね、2本ともパッタリ地面に寝ていたの。それをヨイショって起こして支柱立てて、土もいっぱい足して、枝もバシバシ切った。

藤原　それがこんなに復活して、ほんとによかった。

岡井　オリーブの生命力って、すごいよね。

藤原　うちでも、こんな小さかった苗木が堂々たるものに育ってくれました。

岡井　植えた場所は、風もよく抜けるんだよね。

藤原　風の通り道なの。でもちょっと湿りがちですよね、塀に近いし、でもそこしか地面がないから。

岡井　真理さんにプレゼントしたシプレッシーノも、最初は60センチくらいの大きさだったよね。

藤原　そう、もう実がいっぱいついていて。それでしばらくそのまま鉢で育てていたんだけれど、いよいよ根が詰まっちゃって。

岡井　4メートルくらいまで育ったよね。

藤原　いや、5メートル近く。あの塀の上に私がよじのぼって、枝を引っ張ってノコギリで切っ

オリーブの木が台風で倒れたら

台風でオリーブの木が倒れた。

倒れたオリーブの木をヨイショと起こす。

大量の剪定枝を燃えるゴミに出せるサイズまで切る作業がひと仕事。

根が浅くしか張れない場所なので、根と地上部のバランスをよくするために木の上半分ほど枝を切って軽くする。

しっかりした支柱を選んで、地中に深めに打ち込み、オリーブの木を支える。

2ヵ月後

レッスン室に面した南側の植栽スペースに植えたオリーブの木は、台風から2カ月後には、新芽も吹いて、無事、復活。奥はネバディロ・ブランコ、左手前はシプレッシーノ。

＊芋虫／スズメガの幼虫。オリーブの葉を食害する。

たの。演奏会でいつも伴奏を引き受けてくれているピアニストの倉田テルさんに、風のある時は塀にのらないでくださいっていわれました（笑）。「どっちに落ちればいいかは、考えているわよ」っていったら、そういう問題じゃないって（笑）。

岡井　テルさんのいう通り。

藤原　オリーブって、枝葉を伸ばしたり、花を咲かせたり、小さな実をつけたり。その実がだんだん大きく育って、色づいていったり。1年のどのシーズンにも、何かの生命力を感じさせてくれる木ですよね。

岡井　うん、ほかの植物にはない特別な魅力があるのかもね。

藤原　オリーブは、今年、伸びた枝に来年花芽がつくのだけれど、ある程度風通しがよくないと芋虫（＊）みたいなのがつくから、伸びた枝も少しは残していますが、やっぱり切ることが多くなります。うちのオリーブ、ネバディロ・ブランコは、いまのところ実をつけるよりも伸びるほうが気に入っているらしいので、木の自由にさせているって感じ。これも忍耐ですよね。この間ホームセンターで花が咲いている小さな苗木を見つけて、植えてみました。20年後くらいに実がなってほしいなと（笑）。

岡井　大丈夫、20年はかからないから。

藤原　1カ月日本にいなかったけれど、地植えにしているオリーブは平気でしたね。見ると、土はけっこう乾いているんだけれど。

岡井　地植えにしておけば、水分や養分をほしがって、そのぶん、根っこが伸びるから大丈夫、そのほうがいいの。むしろ土がずっと水で湿っている場所のほうが、オリーブは苦手なんだよね。

藤原　身近な場所に、なにか実のなるもの、それと緑がほしくて。まめにガーデニングをしていた頃には、いまの時期だったらスミレを植え替えるし、けっこうきれいにしていたんですよ、でも結局、忙しくなっちゃった。もうちょっと年取って80歳くらいになったら、昼間、ゆっくり庭仕事ができるかなって。

岡井　80になったら、身体がもうついていかないかもしれない（笑）。手のかからないオリーブぐらいがちょうどいいです。

藤原真理さんの
台風で倒れたオリーブの木の再生
3つのポイント

1、倒れた木を起こして3本の支柱でしっかりと支える。

2、植え替えの要領で土を足す。

3、木の負担を減らすために強剪定し、根の活着と新しい芽吹きを待つ。

【写真】
北川鉄雄　p172-173、p175、p177-180、p189
岡井路子　p181-185、p187、p190

オリーブの石鹸で魔法のように肌を癒す

美とは自然の聖なる言葉

（古代ドゥルーズ族の詩）

Beauty is the sacred word of nature.

（from an old Druze poem）

ガミラ・ジアー

ガミラシークレット

ガミラ・ジアー
1940年、イスラエルのガリラヤ地方山間部の小さな村に生まれる。
貧しい暮らしの中で、5人の子供を育てながら、
代々受け継がれてきたハーブの効能をもとに、
オリーブオイルとハーブを材料にした石鹸を30年かけて開発し、
『ガミラシークレット』として発売。イスラエル国内はもとより、
世界中で「魔法のように肌を癒すオリーブの石鹸」として愛される。
2006年、「その年のイスラエルに影響を与えた10人」に選ばれ表彰される。

ガミラ・ジアーさんと私

大島PR代表で友人の大島洋子さんから、「ぜひ会わせたい人がいるの」と呼ばれ、2007年、オリーブオイルとハーブを原料とする高級石鹸「ガミラシークレット」のプロモーションに来日されたガミラさんと初めて会いました。2018年には、イスラエルのガミラさんをお訪ねしました。

ガミラ・ジアーさんに初めて会う

ガミラさんに初めて会ったのは２００７年、『ガミラシークレット』の石鹸のプロモーションを目的にガミラさんご一行が来日されたときのことでした。資料を見るとこの高級石鹸の成分の80パーセント以上がエキストラバージンオリーブオイルだとあります。オリーブ石鹸の材料は、使い古しのオリーブオイル、つまり廃油、またはオリーブオイルを搾ったあとのカスの再利用と聞いていたので、搾りたてのエキストラバージンオリーブオイルから作られた贅沢な「魔法の石鹸」とは、いったいどんなものなのだろうと知りたくなったのがきっかけでした。

イスラエル北部、ガリラヤ地方の山岳地帯にピキイン村という小さな集落があります。ガミラさんは、この村に生まれ、ガミラシークレットの石鹸が世界中で認められたいまも、この同じ村で暮らしています。

イスラエルという国は複雑です。いくつもの民族と宗教が混在していて、人口の約4分の3がユダヤ教徒、約5分の1がイスラム教徒のアラブ人。キリスト教徒が2パーセントほど、そして「ドゥルーズ」と呼ばれる少数民族の人たちがわずか1・6パーセントほどを占めるそうで、ガミラさんは、このドゥルーズの女性です。ドゥルーズはイスラム教の流れを汲む一派だといわれます。けれどもコーランを否定し、仏教のように輪廻転生を認めます。イスラム教の主流の人たちから見ると、同じイスラム教徒とは認めがたいらしく、ドゥルーズの人たちは、一千年以上にも渡って、シリア地方の山々でひっそりと孤立して暮らしてきたといわれています。

ピキイン村のガミラさんは、16歳で結婚、5人の子供に恵まれます。幼い頃から、病気やケガを

ガミラさんの家の筋向かいにある
樹齢二千年、またはそれを越えると
伝えられているオリーブの木。

癒すのに、この地に自生するオリーブオイルやハーブの恩恵を受けてきたガミラさんは、植物のもつ自然の力を、ドゥルーズに代々伝わる石鹸作りに生かすことを考えました。貧しい暮らしの中で、ガミラさんは家政婦の仕事をいくつも掛け持ちして生活費を稼ぎ、5人の子供を育てながらその間もずっと、オリーブオイルといろいろなハーブ類を混ぜた石鹸の試作を続け、2000年には、ついに、30年をかけたオリジナルの石鹸を完成させます。

ガミラさんが創り出したその石鹸は、たんに汚れを落とすだけの石鹸ではなく、赤ちゃんから老人まで、さまざまな皮膚のトラブルに悩む世界中の人たちを救う、すばらしい石鹸でした。さらに、とくに肌のトラブルを感じていない人たちにとっては、実際に使ってみると、肌のうるおいが高まりコンディションがよくなるという抜群の美容効果を実感できる、まさに「魔法の石鹸」でした。

こうして2000年に完成したガミラさんの「魔法の石鹸」は、あっというまにイスラエル全土に広まり、やがて家族だけでは生産が追いつかなくなり、ピキイン村のはずれに自宅を兼ねた製造工場が造られました。ガミラさんがこの工場で働く人を女性に限定して雇用しているのは、女性の社会進出が遅れている中東で、女性の地位向上を支援するためです。

さらに、ガミラさんは、宗教による分け隔てをなくし、工場では、ユダヤ教、イスラム教、キリスト教、ドゥルーズの4つの宗教から均等に雇用しています。「ピキイン村では、昔から4つの民族が融和して暮らして来たのだから」というガミラさんの言葉から、ガミラさん自身が女性であり、少数部族であることから受け続けてきた、たいへんな苦労を次世代には引き継がせたくないという強い意思を感じます。

２００６年、ガミラ・ジアーさんは、「その年のイスラエルに影響を与えた10人」に選ばれ、イスラエル建国記念式典で、社会進出のロールモデルとして国から表彰されました。ドゥルーズの部族の人としては初めての表彰だったそうです。

そのガミラさんに初めてお会いしたときに感じたのは、古くからの友だちに会ったみたいな懐かしさでした。よそよそしさがまったくなくて、垣根も作らず、だれに対しても、同じように接します。そこに座っているだけで、その場を自分らしい空気に変えていくオーラみたいなものをガミラさんはもっているように見えました。１９４０年生まれのガミラさんは、決して若くはありませんが、年寄りでもありません。以来、この4年後に会ったときも、またその4年後に会ったときも、そしてその2年後に会ったときも、ガミラさんは変わらず、年を取っていくようには見えません。魔法使いとか魔女とか、何か特別な力をもった人がホントにいることを、ガミラさんに会うたびに感じています。

ガミラさんにオリーブの実の食べ方を聞く

２０１７年、ガミラさんと、その長男でガミラシークレットの事業を担うファドさんが、日本発売10周年を記念して来日された機会に、私はおふたりに会いに行きました。イスラエルという国の日々の暮らしの中で、人々にとって、オリーブがどんなふうに活用されているのかを、ぜひ聞いてみたいと思ったのです。私からの質問にうなずきながら、ガミラさんはいいました。

「では、私が作ったオリーブの塩漬けを、食べてみますか？」

ガミラさんは、イスラエルの自宅から手作りのオリーブの実の塩漬けを持参しているということでした。日本人が海外旅行に梅干しを持って行くのと同じです。

翌日、ガミラシークレットの石鹸のプレス向けのプロモーション会場の控え室のテーブルに、ガミラさんはご持参のオリーブの実を入れた瓶と、オリーブオイルと褐色の紙のように見える薄いパン、数種類のハーブを並べて待っていてくれました。

「さあ、どうぞ」と促されて試食させてもらったオリーブの実の塩漬けは、ほろ苦く、オリーブの実の油分に塩が効いたシンプルな味です。ガミラさんの長男のファドさんが、誇らしげな笑顔でいいました。

「母の作ったオリーブの実の塩漬けとオリーブオイルとパンさえ持って行ければ、僕らは世界中どこに行っても生きていける」

いつのまにか、試食のテーブルのまわりには、ファドさんをはじめイスラエルからガミラさんについて来たスタッフの方たちが集まっていました。ガミラさん持参のオリーブの実やオイル、パンを、みんな真剣な表情で味わっています。オリーブの実やオイルは、イスラエルはもちろん、地中海沿岸の地域に暮らす人たちにとって、古くからひじょうに大切な「自然のめぐみ」であり続けてきたのでしょう。旅先で久しぶりに出された故郷のオリーブの実やオイルを、薄いパンで巻いては次々にほおばる彼らの表情が、その重要さを物語っていました。

テーブルの向こう側では、ガミラさんが息子のファドさんに何かを耳打ちしたようでした。ファドさんは、うなずくと、テーブルを回ってこちらに来ていいました。

「『オリーブの塩漬けの方法を知りたいなら、村に来てください』と母がいっています。この秋、私たちのところに来ますか? 母の家に泊まれますから」

ガミラ・ジアーさんからのうれしい招待です。「行きます」と即答したのは、もちろんです。

イスラエル、ガリラヤ地方の小さな村にオリーブの大きな秘密を見つけに行く

イスラエル、ガリラヤ地方の山間部にある小さな村、ガミラさんが暮らすピキイン村を訪ねる旅に出発したのは2017年の秋でした。成田から、まずイスタンブールへ。トルコ在住の友人であり通訳でもある、たか子さんの家に泊まり、翌朝5時に出発、2人でイスラエルの都市、テルアビブへ飛びました。 折しも、トルコはシリアへの侵攻を進め、イスラエルとイランの関係はますます険悪さを増し、中東のこの地域への旅はある程度の危険を伴うことが危惧されていました。実際に、迷彩服を着て自動小銃を装備した兵士たちがあちこちに立ち、ゲートをひとつくぐるたびチェックを受けるという事態は、日本はもちろん、トルコやスペインでも経験したことのないものでした。

「こんな政治情勢の時に、わざわざ行かなくても」という周囲の意見を聞き流して、ガミラさんの暮らすイスラエルの小さな村へオリーブの塩漬けを習いに行く旅を決行したのでした。テルアビブ空港のレンタカー屋さんで借りた日産マーチのナビを頼りに、ガミラさんの自宅のあるピキイン村へと向かいました。

テルアビブから車を3時間ほど走らせたところでナビに設定した場所に着きましたが、目的の

ガミラさんのご自宅の居間で、手料理をいただく。左から、お孫さん、ガミラさん、甥であり「ガミラシークレット」のマネージャーを務めるジャマルさん、私（岡井）、友人の西村たか子さん。

ザクロと手作りのお菓子。

ガミラさんの客用の食器。

ピキイン村ではない様子です。ヘブライ語で書かれた看板は読めず、誰かに聞こうにも人の姿がほとんど見えません。 しかも、なぜか携帯電話が使えません。日が暮れて来て、このまま目的地には到着できずに車で泊まることになるのかなあ、と泣きたくなってきたところに、小さな子供を連れた若いお母さんが通りかかりました。その方に頼んで、ガミラさんの甥ごさんであり、マネージャーでもあるジャマルさんに電話をかけてもらいました。

迎えに来てくれたジャマルさんの車の後をついて5分ほど走ると、村のメインストリートのどまんなかにガミラさんの家がありました。予定よりかなり遅い到着でしたが、ガミラさんは、心からの微笑みで、「さあさあ、ごはんをおあがりなさい」と迎えてくれました。心のこもった手料理は、オリーブオイルとハーブを使った野菜料理が中心で、どれもすばらしくおいしいのです。手をかけて、時間をかけて用意された温かな料理でした。

こうして、ようやくたどり着いたガミラさんのもとで、人々の村の暮らしの中にあり続けてきたオリーブについてさまざまなことを知りました。ガミラさんの家の窓から見える樹齢二千年のオリーブの大木は威風堂々と枝を伸ばし、ガミラさんのご親戚のオリーブ畑では実の収穫をお手伝いし、オリーブの実の塩漬けの作り方を、ガミラさんから直々に教えていただきました。

私からのたくさんの質問に、東京とイスラエルで、ガミラさんと長男のファドさんが丁寧に答えてくれたことを次にまとめます。

ガミラさん手作りのオリーブの塩漬け。この塩漬けを習いにイスラエルを訪ねた。添えられたハーブはコヘンルーダー。ミカン科の植物。ヨーロッパ南部、イスラエルや地中海沿岸を原産地とする。解毒作用があり、風邪、痙攣、目眩、湿疹に薬効をもつといわれる。

オリーブの木の下で祈れば神様のもとに早く届く

岡井　五千年も六千年もの昔から、地中海沿岸の地域ではオリーブの木が栽培されてきたそうですが、日本でオリーブの試験栽培が始まったのは明治41年で、まだ百年と少し。イスラエルでは、オリーブの木はどんな存在ですか?

ガミラ　私たちの部族ドゥルーズは、オリーブを「聖なる木」と呼んでいます。昔から、「オリーブの木の下で祈った祈りは、神様のもとに早く届く」といわれ、私たちはみな、祖母も父も母も、神様に早く聞き届けてほしい祈りを、オリーブの木の下で祈ることによって生き残ってきました。

ファド　「聖なる木」であると同時に、オリーブはオリーブオイルという貴重なオイルをもたらしてくれる木です。高い抗酸化作用をもつオリーブオイルは、傷ついた肌には塗り薬として、また、高血圧や糖尿病をはじめ健康全般に効果があることが、いまでは世界的に認められています。オリーブオイルを抽出したあとの搾りカスは、アラビア語でジェフトといいますが、暖炉の燃料にします。一般的には、オリーブオイル石鹸は、この搾りカスで作られているのが普通です。

岡井　オリーブって、捨てるところがないですね。

ガミラ　健康にも暮らしにも、すべてに関わっているのがオリーブです。剪定した木は、家の表札にしたり、細工をして家具にしたりして使われます。あまりおいしくはないのですが、オリーブの葉にも、抗菌作用があるといわれています。葉を煮詰めてそれを飲むと、胃をきれいにしてくれる。煮詰めて飲むのが苦手なら、葉をちぎって、チューインガムのように噛んでもいいのです。私の父と母は、しょっちゅうオリーブの木の所に行って、葉を食べていました。

岡井　日本では、オリーブの葉をお茶にしたものが販売されています。

ガミラ　私たちも、オリーブの葉をお茶みたいにして飲んでいます。コレステロールや糖尿病の改善に効くといわれています。

岡井　オリーブの実は、どんなふうにして食べますか?

ガミラ　黒く熟したオリーブの実のアクを塩で抜き、塩を少しとオリーブオイルをまぶして保存食とするのが私たちの食べ方です。作り方は、黒く熟したオリーブの実を収穫したら、まず、ひとつひとつ木槌でつぶして塩をまぶします。塩の量は、オリーブの実の全体にかぶさるくらい。そうして塩をまぶした実をザルに入れて置いておくと、自然にアクが出るので、そのアクが下に落ちるようにザルの底に穴を空けておきます。塩をまぶしたオリーブを入れたザルは、毎日揺すって全体がまざるように手をかけながら、1週間ほど置きます。苦みが嫌いな人は、1週間以上待ってもっとアクを抜いてもいいし、苦みがあるほうが好きなら、4日くらいでアク抜きを終えます。私は苦みがあるほうが好きなので、早めにアク抜きを終えています。1週間以上置く場合は、必ず味をみながら苦みを抜き過ぎないように加減します。こうして、好みに合わせて、4日から10日ほどかけて塩でオリーブの実のアクを抜いたら、次に大きめのボウルにオリーブの実を移します。水道水をボウルにためては流し、またためては流しを5回くらい繰り返して、水がきれいになったらザルに上げて、塩を少しとオリーブオイルをまぶして保存容器に入れて保存します。常温だと2カ月、冷蔵庫に入れれば2年はもちます。すぐ使うものは常温に置き、少し先に使うものは冷蔵庫に、もっと長期間ストックしておくものは冷凍庫に、というように、使う予定を考えながら3カ所に分けて保存しておくと、いつもよい状態でおいしく食べることができます。常温でもっと長くもつ作り方もあるけれど、私は冷蔵庫や冷凍庫での保存を選びます。

岡井　いま教えていただいたオリーブの実の塩漬けは、ガミラさんがお母さんやお祖母さんから習ったものですか？

ガミラ　基本はそうです。でも、冷蔵庫や冷凍庫での保存については、母や祖母の頃にはなかったものですからね。私自身がいろいろ試してみた結果です。

私の母や祖母は、薬草やハーブをよく知っていました。私は小学校2年生で学校をやめ、学校で勉強する代わりに、母や祖母といっしょに野山を歩き、ふたりからハーブや薬草など植物全般について教わりました。一日、野山を歩いて、家に帰ってまず、することは、足に刺さったトゲを抜くことでした。そして足の傷にはオリーブオイルを塗りました。村には医院も薬局もなく、私たちはハーブや薬草でケガや病を治し、母は、ちょうど村の薬局のような存在でした。

母が教えてくれたことのひとつは、同じハーブでも、花、茎、根と効能が違うので分けて考えることです。また、同じハーブでも、生えている場所で持っているパワーがまったく違うことがあります。たとえばヒソップ。私たちの村ではザータルと呼んでいる草ですが、私の母が選ぶものは特別な場所に生えるヒソップだったので、普通のものとは全然違う味がしました。少し苦みがありますが、ヒソップは、記憶力や頭の回転をよくするので、私も子供たちが学校に出掛けるまえに、オリーブオイルと乾燥させて粉状にしたヒソップをスプーン一杯ほど食べさせていました。

岡井　ヒソップとオリーブオイルが記憶力をよくしてくれるのですね。

ファド　僕の朝食は、お皿いっぱいにオリーブオイルを入れて、パンとトマトをひたして食べる。塩とコショウも少し。サラダにもコップいっぱいのオリーブオイルをかける。とにかく、毎日たくさんのオリーブオイルを食べているので、オイルの善し悪しはすぐにわかります。そのオイルがよいものかどうかを見分けるには、指の先にオイルを少しとって、左手の甲にチョンと付けます。2〜3分待って、匂いをかいでみてください。質のよくないオリーブオイルは油臭いのです。

質のよい新鮮なオリーブオイルは辛いといわれますが、そのことを利用して、質のよくないオイルにトウガラシを入れて辛くし、「ほら、よいオイルでしょ」などといって売ろうとする業者もいます。実際には、新鮮なオリーブオイルが辛いのは、搾ってから1カ月くらいの間のことですから、8月頃に持って来たオイルが辛いわけがない。だまされてはいけません。僕らのところで、オリーブを収穫したその日に搾ったオイルを飲んでみると、ほんとうに新鮮なオリーブオイルがどんな味がするものか、よくわかります。そのオイルからは、1年分の抗酸化作用を得ることができる、といわれているほどです。それを得るためには、11月の収穫の時期に僕たちのところに来ていただくしかないですが(笑)。

樹齢40年以上のオリーブの木の実にはビタミンとミネラルがたっぷり

岡井　オリーブの木には、樹齢数千年といわれるものがありますが、オリーブオイルの質と樹齢には関連があるのですか?

ファド　僕が思うには、40年、50年の樹齢があれば、それ以上の樹齢があるオリーブの木と同等で、じゅうぶんに質のよいオリーブオイルを収穫できます。子供の頃、母からオリーブの木を植えるのを手伝わされていましたが、その頃植えた木が、いまちょうど40年、50年の木になっている。母はやさしそうに見えますが、僕らが子供の頃は、ひじょうに厳しい母親で、木を植えたり、実を収穫したり、いろいろな強制労働をさせられたものです（笑）。

ピキイン村の、この母の家からは、樹齢二千年のオリーブの木が見えます。自然の中で数百年、数千年育って、生き残ってきた木は、ひじょうにたくましい。雨が少ない、たいへんな年にも生き残って来た木に実る実は、ビタミン・ミネラルがたっぷり。味も成分もまったく違うのです。それは他の植物でも同じことで、毎日、水をあげていると根がしっかり張らない。人間も同じで、自分で努力をしない怠惰な人間と努力する人間ではまったく違う。二千年というオリーブの木の樹齢を考えると、われわれがじつに短い期間を生きていることがわかります。

岡井　樹齢二千年のオリーブの木が家から見えるところにあるって、すごい。スペインでもポルトガルでも、山の中に樹齢千年とか二千年といわれるオリーブの木があったけれど、人が暮らす場所にこんなに古いオリーブの木があるのを見たのは初めてです。

ファド　僕たちが住んでいる場所自体が、自然が豊かな山の中なのです。オリーブのほかにもいろんな木があります。たくさんの木があるなかで、オリーブの木が特別なのは、家族みんなが集まれる木だというところです。たとえばリンゴの木が実ったとき、収穫は男たちだけですんでしまう。だけどオリーブは家族全員で収穫します。11月のオリーブの収穫の時期には、海外で暮らしている家族がみんな帰って来て、いっしょに過ごす。イスラエルの教育省も、この時期だけは学校を休みにして、子供たちが収穫を手伝えるようにしています。現代の子供たちは、インターネットなどの先進技術によって世界を理解しながら育ちます。だけど、オリーブの幹に触れ、土の匂いをかぎながら、たわわに実った実を収穫することによって、われわれのルーツであるオリーブの木のパワーを感じ取ってほしい。「聖なる木」と呼ばれるオリーブの木のもつ大きなパワーを、次の世代に伝えることが親の世代の役割だと思っています。

岡井　11月はオリーブの木のもとに、家族みんなが集まるオリーブの収穫祭なんですね。

ファド　そうです。オリーブはわれわれの生活そのものです。毎年、11月にオリーブを収穫すると、その先一年間の安心を得ることができます。われわれの生活にほんとうに必要なものはパンとオリーブ、そしてガミラの石鹸があればいい（笑）。

ガミラシークレットの石鹸の「秘密」とは？

岡井　ガミラシークレットの石鹸は、いま、世界中でたくさんの人たちに愛用されています。この石鹸の材料となるエキストラバージンオリーブオイルを収穫するオリーブの木はどんな品種ですか？

ガミラ　石鹸に使うオリーブの品種はソーリといいます。その他にもいろいろな品種のオリーブの木が生えていますが、ソーリという品種のオリーブの実からとれるオリーブオイルがいちばんいいのです。オリーブの木には、人の手で水や肥料を与えたりはしません。神様から与えられる雨の水だけです。

ファド　僕たちドゥルーズの部族は、何百年もの間、自然の中で育ち、自然の中で生活し、自然から得られるいろいろなものを得て食べて生きてきました。つまり自然と共生して来たわけです。

　母のすごいところは、自然と調和し、人と自然が調和を保てるところをしっかりと理解しているところだと思います。母が作る石鹸の秘密は、その自然の調和を人間の肌にもたらしたところにあります。肌に自然の調和をもたらすことを成し遂げた。それによって、人が本来もっている美しさをよみがえらせることができるのです。

じつは、母はものを書いたり読んだりすることができません。そのことを、息子の僕は子供の頃、恥ずかしいと思っていました。周囲の人々は、とりわけ自分がレベルの高い人間だと思っている人たちは、読み書きのできない母を見下していました。だから、母がまだ試作中だった石鹸を皮膚科の医者のところに持って行って見せると、彼らは、「何もわからない素人のくせに」という冷ややかな目で見たし、そういうふうに母に接しました。その様子を見て、母はなんて恥ずかしいことをするのだろう、と、正直、僕自身、恥じていました。

ところが、現在、立場がまったく逆転しています。エルサレムにあるヘブライ大学の病院の教授が、患者たちを、母のところに送り込んできています。その理由はとてもシンプルで、患者さんたちが、教授たちに、「あなた方の処方の薬を何年使っていてもよくならなかった疾患が、ガミラの石鹸ですぐによくなった」と伝えるからです。アトピー性皮膚炎と呼ばれる皮膚の疾患、しっしん、若者たちのニキビ、抜け毛や肌荒れに悩む婦人科の患者の人たちも、母のところにやって来ます。そうした人たちの肌のトラブルに、なぜ、ガミラの石鹸が効くのかは、僕たちにも説明できないこともあります。ただ、いえるのは、ガミラの石鹸は自然そのものだということです。オリーブオイルだけでなく、ラベンダーやローズマリーやローレルのオイル、カミツレ、クマツヅラ、ヘンルーダ、セージの葉、セイヨウイラクサのエキスなど、植物のもつ自然の力を凝縮しているのがガミラの石鹸です。数百年も前から、われわれの部族に伝わって来たハーブ、薬草の伝統のすべてが注ぎ込まれている石鹸です。

岡井　ガミラさんは、その石鹸を30年かけて完成させたんですね？

ガミラ　子供の頃、村には医者もいなくて、薬局もなかったので、病気になったりケガをしたりすると、みんなハーブや薬草の力に頼っていました。野生の植物に驚くほどのパワーがあることを、子供の頃から、肌で感じていたのです。そうした植物の力を取り込んで、石鹸という形にするためには、繰り返し試すことが必要でした。人間と同じで、植物にも相性があります。いっしょにすると倍以上の力を発揮できたり、逆に、傷つけ合ったり。石鹸に使う植物は、それぞれのよい力だけが引き出される組み合わせでなくてはなりません。14種類のハーブの根、茎、葉を、それぞれ最適なタイミング、温度でじっくりと混ぜ合わせ、できた石鹸を型に流し込み、3カ月以上自然乾燥させて作ります。14種類の植物をベストのバランスで配合できるまでに、30年の歳月がかかりました。

そうしてできた石鹸を、最初は家族に試させてみて、それから知人、兵隊さんたちにも試してもらいました。兵隊さんたちはブーツを履いている時間が長いので、水虫になりやすいのです。いろいろな人たちに石鹸を使ってみてもらっているうちに、「こんなに症状がよくなりました」という反応が次々に戻ってくるようになり、そうなってやっと、完成できたことを実感しました。肌のトラブルに悩まされている人たちはもちろん、とくにトラブルを感じていない人たちにとっても、この石鹸を使うと肌のうるおいが高まりコンディションがよくなるという評判が広がり、美容専門家からも注目されるようになりました。村に生えている野生の植物から選んだ14種類のすべてが、お互いのパワーを引き出し、相乗効果を生み出すようにブレンドした石鹸は、石鹸の形をしていますが、美容液や栄養クリームのようだと評価されています。

「私は植物と話し、植物は私に秘密を打ち明けてくれる」

ファド　僕たちから見ると、母は自然に対して少しクレージーだと思えるほどです。村にいるとき、母は、いまでも毎日のように野山に出掛けて草を摘んでいますが、きっと自然のなかで、植物と親しく会話しているのでしょう。母は、ときどき私たちに次のようにいいます。「私は植物と話し、植物は私に秘密を打ち明けてくれる」。いま、世の中に、自然をまねしようとしている製品はたくさんありますが、ガミラが作る石鹸は自然そのものです。

そもそも現代の科学で、われわれ人間は、脳のせいぜい30パーセントほどしか使用していないと考えられています。ということは、われわれの真の賢さは、残りの70パーセント、無意識のなかにこそあるのかもしれません。実際、読み書きができない代わりに、母は、私たちよりもずっとよく、植物の話すことを理解できるようです。

岡井　私自身、「なぜそんなにオリーブに惹かれるの？」とよく聞かれます。そう聞かれても、わからない、としか答えられませんが（笑）。オリーブはもともと日本にある木ではないのに、なぜか、オリーブについては、もっと知りたい、もっともっと知りたいと、思い続けてきました。

ファド　僕が思うに、それはＤＮＡに組み込まれたことなのでしょう。われわれドゥルーズの宗教は輪廻転生を信じています。人間は、死んだら、その魂はまた新しく別の人間になって生まれ変わります。肉体は人が着ているシャツのようなもの。魂は何千年もずっと転生を繰り返しながら生きています。あなたがそんなにオリーブが好きなのは、あなたは前世ではオリーブのある地域で暮らしていたからかもしれない。いま、ここでこうして、母や僕があなたと会っているということとは、もしかしたら、前世で会っているからなのか？　二百年まえに、僕とあなたはオリーブの木の下で、いっしょに遊んだのかもしれません（笑）。

岡井　なんだか、私もそんな感じがしてきました（笑）。11月のオリーブの収穫には、また、お手伝いに来たいです。オリーブの実の収穫は得意ですから、きっと戦力になれます。

ガミラ　ぜひ来てください。あなたには、ピキイン村に私たちの広い家があるし、母である私がいるのですから。

収穫用のネットをタルミのないように、
引っ張ってきれいに敷く。

ネットを、次の収穫場所に移動させるお手伝い。

ガミラさんの親戚の畑で オリーブの実を収穫

ガミラさんのオリーブ畑では、この秋の収穫をすでに完了していたので、ご親戚の畑で収穫のお手伝い。「『オリーブ収穫の戦力になるね』と、ほめていただきました」

収穫の日、農作業の合間に「畑ごはん」。野菜とオリーブオイルと塩が中心のおいしい料理が並ぶ。食後には「野点」コーヒーも。

オリーブの木の下で、スマートフォンでメールを送信中。

1

黒く完熟した実を、木槌などで軽く叩いて割れめを入れる。ガミラさんは、ミートハンマーを使用。

2

ボウルに入れて、全体にかぶるくらいの塩を加えてまぶす。

ガミラさんに習ったブラックオリーブの塩漬け

数千年もまえから、オリーブを大切な食料としてきたイスラエルのガリラヤ地方に暮らすガミラさん。もっともシンプルで、もっとも滋味豊かなオリーブの実の塩漬けを教えていただきました。

3

アクが自然に下に落ちるようにザルに入れる。毎日ザルを揺すって、全体を混ぜ、1週間ほど置く。味をみながら、苦みが好きな人は4日間くらい、苦みが少ないほうがよければもう少し長く置く。

4

ほどよく苦みが抜けたところで、オリーブの実をボウルに移し、「水をためては流す」を5回ほど繰り返す。水がきれいになったところで、実をザルに上げ、塩少々とオリーブオイルをまぶして保存容器に入れる。

【写真】
岡井路子 p192-193、p196-197、p200-201、p203、p212-216

オリーブの木を見ると僕は勇気が出る

しかし木といえば
オリーブほど美しい木はない。
オリーブの木を見ると、
僕は勇気が出る。

堀越 千秋

画家

ほりこし　ちあき
1948年、東京本郷に生まれる。1975年、東京芸術大学大学院油画専攻修了後、スペイン政府給費留学生として渡西。以来、マドリードに暮らす。

2003年、装丁画を担当した『武満徹全集』が経済産業大臣賞を受賞、世界で最も美しい本コンクールに日本を代表して出品される。

2007年より、ANAの機内誌『翼の王国』の表紙絵を連載。

2014年、スペイン国王よりエンコミエンダ章（文化功労賞）受賞。

『週刊朝日』に『美を見て死ね』を連載。

カンテの歌い手としても知られる。

2016年、マドリードで亡くなる。

絵と文　堀越千秋

花といえば梅も桜も美しい。
しかし木といえばオリーブほど美しい木はない。
オリーブの木を見ると、
僕は勇気が出る。
乾いた土の中から、
岩の肌のように乾いた幹のまま
悶え出たような姿ではないか。
そのまま、何十年何百年も身悶えして、
白い葉裏の音楽を奏でるのである。
しかしその木の実は、
バルの親爺がカウンターにつまらなそうに突き出してよこす、
あの親しみ深い実であるにすぎない。
味も渋いが、存在全体が渋い。
地中海のわびさびである。

実をつけたオリーブの鉢植え。
小倉さんからの贈り物。

おわりに

岡井路子

本書にご登場くださった皆さんについて、後書きにかえて、ここでもう少しだけご紹介させていただこうと思います。五十音順で、まず最初にご登場いただいた浅井愼平さんと私は、年齢にして19歳違います。私が「社会的に」物心がついた頃には、愼平さんはすでに「超」が付くほどの有名人で、「雲の上の人」でした。なので、20年近く前に知り合って以来、ずっと「友だち」のようなお付き合いをさせてもらっていることを、ときどき、不思議に感じたりもします。考えてみると、これは愼平さんが、私に限らず誰に対しても、常に対等な気持ちを持つ人だからこそ成立している関係なのでしょう。浅井愼平さんは写真を撮るのがじょうずです。以前、海岸美術館で庭仕事の後のひと休みの時間に、「みっちゃん、写真撮ろうか。そこにごろんと寝て」と愼平さんにいわれたことがあります。首からタオルを取って汗だくの顔を拭いて草の上に寝転ぶと、「ヌードのつもりで腹をひっこめて」と。一回だけシャッターを切り、「はい」と手渡してくれた私のコンパクトデジタルカメラには、一枚の「私」が写っていました。かなり前の写真で気がひけますが、本書のプロフィール写真として選びました。いちばん気に入っている写真です。

もらってうれしかった贈り物のベスト3に入るのが、小倉園、小倉敏雄さんの鉢植えのオリーブです。15センチほどの小さなオリーブは、かわいい実をたくさんつけていました。私の一冊目のオリーブの本（＊）を見て、小倉さんは、会ったこともない私への贈り物を、趣味の園芸の編集部に預けてくれたのでした。小倉園を訪ねてみると、プラ鉢に植えられたままのオリ

＊育てる・食べる・楽しむ―まるごとわかるオリーブの本
(制作 LLP オリーブの本をつくる会)

ーブがずらりと置いてあり、剪定が必要だったので、コツを伝えながら小倉さんといっしょにせっせと剪定しました。このとき、小倉さんはオリーブにハマったのだそうです。思えば、小倉さんと私は、いちばんほしいものを、お互いに贈り合っていたのでしょう。

ブレスハウスの佐藤俊雄さんは、自分のルールが明解でブレのない人です。健康オタクといえるほど徹底した健康管理をしていて、「煙草は100パーセントオーガニックしか吸わねえよ」と、本気で断言しています（笑）。一見、豪放磊落ですが、じつは繊細で細やかな気遣いのできるトシオちゃんほど優しい人を、私は他に知りません。

代田さんファミリーのお住まいは、建築家の竹山 聖さんのデザインで、2階に素敵なパティオがあります。TVや雑誌の取材に協力していただいたことは数知れず、ホームパーティでは、いつも楽しい時間を過ごさせていただいています。開放感とプライバシーを兼ね備えたパティオは、夏は暑いのですが、窓を全開にしたときに入って来る風の気持ちよさは格別です。

成澤由浩さんは、小田原の『ラ・ナプール』時代から、南青山に店を移し、世界のNARISAWAと称されるようになってからも、ずっと変わらず、いつも「ちょうどよくおいしい」と感じる料理を出してくれる名シェフです。13歳も年下の友だちなのですが、私が成澤さんを呼ぶときは、なぜかいつも「ナリサワさん」です。「くん」とか「ちゃん」とか、くだけた呼び方をしたことはありません。思えば不思議です。

西畠清順くんは、ふたまわりも年下ですが、今回、じっくり話してみてわかったのは、少し引いたところから、ものごとをよく見ている人なんだな、ということでした。また、「こうではないのかなあ？」と、私がぼんやり思っていることを、清順くんは、明確に言葉で説明してくれるので、「そうなのよ！」と、思わず共感します。時代が求めるものがよく見えて、人の共感を得ることのできる天性の名プランナー、清順くんが、今後どんなふうに活躍していくのか、とても楽しみです。

西村やす子さんは、数字と経済と経営という、じつは私がもっとも苦手なことを得意とする人です。やす子さんにいわせると、私が話す言葉は宇宙語なのだそうです。お互い違う世界に生きていることを感じつつ、オリーブという共通のものに出会ったために接点ができ、どちらも、「えっ」と驚きながら親しく交流しています。

パワジオ倶楽部・前橋の、萩原裕さんと初めて会ったのは、萩原さんが、親会社である燃料会社を定年退職し、ガーデニングショップのパワジオ倶楽部に移動してきたばかりの頃でした。職場環境が激変した直後だったせいか、「偏屈なおじさん」というのが最初の印象でしたが、オリーブに出会う前と後では、まさに別人のようです。オリーブの鉢植えに関しては、いまや第一人者。親切に丁寧に教えてくれる「萩さん」のもとに、日本中から、オリーブの鉢栽培についての質問が届きます。

藤原真理さんは、アーティストです。台風が来て、庭に植えたオリーブの木が揺れるのを見た真理さんからメールで、「オリーブがものすごく揺れているけど、外に出て押さえていたほうがいいですか？」と聞かれたとき、そのひたむきさに胸を打たれました。真理さんに愛されたオリーブの木は、真理さんをずっと支えてくれることでしょう。オリーブと真理さんは相思相愛です。

もしもいま、誰かに、「あなたは、魔女に会ったことがありますか？」と聞かれたら、「会ったことがあるかもしれません」と答えると思うのですが、そのとき思い浮かべるのは、間違いなくイスラエルのガミラ・ジアーさんです。初めて会ったときから、何年たってもいっこうに年を取らないように見えるガミラさんは、それだけでじゅうぶん魔女みたいですが、植物と話し、植物からその秘密を聞き出すのですから、きっと本物の魔女に違いありません。生きていく上で、もっとも大事なことを、広く深く知っている人、という意味で、ガミラさんは私にとって特別な人です。

さて、最後になりますが、11人めは亡くなった堀越千秋さんです。ときどき届くメールは、ひらがなだけで書かれていて、携帯電話の液晶画面の中で、文字でデザインされた作品のように見えました。「おかいちゃん、おげんき? かまたき、いつくる?」と、そんな文面です。「かまたき」は「窯焚き」で、埼玉の山の中に千秋ちゃんが設置した陶芸の拠点です。「ぜっぴん。ジェノベーゼソースたべたいな」というリクエストのメールには、カタカナも使われていました。千秋ちゃんは、現世をさっさとチェックアウトして別の世界に行ってしまったので、いま畑でバジルをたくさん収穫しても、絶品ジェノベーゼソースを届けることができないのが残念です。

2019年　夏の畑で

A&F

オリーブの贈《おく》り物《もの》

岡井路子《おかいみちこ》 10+1人《じゅういちにん》と語《かた》る

2019年8月12日　初版第1刷発行

著者　岡井路子
発行者　赤津孝夫
発行所　株式会社　エイアンドエフ
〒160-0022　東京都新宿区新宿 6-27-56
新宿スクエア　出版部
TEL.03-4578-8885

ブックデザイン　芹澤 博
編集　安藤 明
阿部民子
福岡将之
写真　田中雅也
北川鉄雄
岡井路子

印刷・製本　株式会社シナノパブリッシングプレス

Printed in Japan
ISBN978-4-909355-11-9　C0095